网络时代儿童青少年社会性发展

周宗奎 主编

The Development and Cultivation of
Children's Social Creativity

儿童社会创造性的发展与培养

"十三五"国家重点图书

湖北省学术著作
Hubei Special Funds for
Academic Publications
出版专项资金

谷传华 ◎著

U0726486

长江少年儿童出版社
华中师范大学出版社

图书在版编目（CIP）数据

儿童社会创造性的发展与培养 / 谷传华著 . —武汉：长江少年儿童出版社：华中师范大学出版社，2022.10

（网络时代儿童青少年社会性发展 / 周宗奎主编）

ISBN 978-7-5721-1240-9

Ⅰ.①儿…　Ⅱ.①谷…　Ⅲ.①儿童心理学—人格心理学—研究　Ⅳ.① B844.1

中国版本图书馆 CIP 数据核字（2021）第 028451 号

儿童社会创造性的发展与培养
ERTONG SHEHUICHUANGZAOXING DE FAZHAN YU PEIYANG

责任编辑：赵佳慧

美术编辑：王　贝

责任校对：莫大伟

出版发行：长江少年儿童出版社

业务电话：（027）87679174　（027）87679195

网　　址：http://www.cjcpg.com

电子邮箱：cjcpg_cp@163.com

承 印 厂：湖北恒泰印务有限公司

经　　销：新华书店湖北发行所

印　　张：11.75

字　　数：185 千字

印　　次：2022 年 10 月第 1 版　2022 年 10 月第 1 次印刷

规　　格：720 毫米 ×1000 毫米

开　　本：16 开

书　　号：ISBN 978-7-5721-1240-9

定　　价：38.00 元

总　序

　　在现代信息社会，互联网早已渗透到日常生活的各个领域。而作为数字时代的原住民，儿童青少年深受网络时代大潮的影响。各种数字化的生活方式和环境，也在广泛地改造着家庭教育和学校教育的环境。在这种背景下，人们越来越关注网络空间和数字化环境中儿童青少年的发展特点，重视数字技术对儿童青少年发展的影响。手机、网络游戏、线上教学、触屏终端等数字化因素已成为影响儿童青少年发展和适应的重要环境变量或过程变量，其成长发展也必然出现一些新的特点。

　　传统的发展心理学研究内容大多以西方文化背景下的儿童青少年为研究对象，由此归纳和总结的相关发展特点难免存在某些文化特异性的印记。近些年来，发展心理学家们对中国文化背景下的儿童青少年的发展特点进行了大量的探索，验证或揭示了一些具有鲜明中国文化特点的儿童青少年发展规律。例如关于羞怯的研究发现，羞怯不利于西方文化背景下儿童青少年的社会适应，但是对中国文化背景下的儿童青少年具有积极的效应。由此可见，探索网络时代背景下，中国儿童青少年社会性和人格相关变量的发展变化特点，以及这些发展特点对社会适应的影响显得尤为重要。

　　在网络时代和中国文化背景下，本丛书围绕中国儿童青少年社会性和人格发展这一主题，依托国家社科基金重大项目"我国儿童青少年人格发展基础性数据库构建研究"，基于长期追踪研究数据库，深入探索了同伴交往情境中的儿童心理理论、社交自我知觉、创造性和同伴乐观等社会性和人格相关变量的发展特点及其对社会适应的影响机制等重要的理论和现实问题。在毕生发展观的指导下，研究者通过一系列的实验研究设计和追踪研究设计，深入分析了同伴交往变量与心理理论、社交自我知觉、创造性和同伴乐观之间可能存在的复杂联系。同时，采用多层线性模型、潜变量增长模型、潜变量混合增长模型、社会网络分析等统计分析与研究方法，深入考察这些核心变量对儿童青少年社会适应的影响机制。

丛书由四部专著组成，主题集中在儿童青少年的社会性发展领域。作者分别对同伴交往、社交自我知觉、创造性的发展与培养、朋友网络中的同伴乐观等问题进行了深入的实验研究和调查分析。基于这些研究而形成的丛书，一方面探索了网络时代背景下中国儿童青少年社会性和人格相关变量的发展变化特点，有助于我们更好地了解当前中国儿童青少年人格发展的普遍规律；另一方面，通过对相关变量及其对社会适应影响机制的深入探讨，有助于我们发现提升儿童青少年社会适应能力的方法，从而为促进儿童青少年的社会适应能力的发展提供实践中的"抓手"，对于促进人的心理健康发展途径的探索具有重要的理论和现实意义。

本丛书的作者均为经过系统训练的心理学博士，目前均在高校心理学和相关专业从事教学和科研工作。他们在儿童青少年发展研究领域进行了长期的探索，这些成果是他们艰苦探索的心血和结晶。丛书介绍的具体研究，均是基于儿童青少年人格特征追踪研究数据库的成果。丛书的出版，一方面是总结过去研究成果，试图探索我国儿童青少年社会性和人格发展的规律，另一方面是为了探索促进儿童青少年人格健康发展的干预方向和措施，回应教育和社会发展的需求，体现心理学研究的应用价值。

作为学术性系列著作，本丛书在追求专业性、科学性、前沿性和创新性的基础上，试图更为系统地阐述和归纳网络时代背景下，中国儿童青少年社会性和人格相关变量的一般发展规律及其对社会适应的影响，较为深入地揭示网络时代信息技术和社会文化多元格局对儿童青少年发展的影响，从而为推动相关理论的探讨做出有时代色彩的贡献。

儿童青少年社会性与人格发展是一个具有深远意义的研究主题。本丛书所涉及的研究内容仅仅是诸多变量中的一小部分，疏漏之处，敬请同行批评指正。随着社会的发展、时代的变迁、文化的演变，儿童青少年的社会性与人格发展特点也将发生相应的改变，因此需要更多致力于儿童青少年发展的研究者持续的关注和共同努力。

周宗奎

2021 年元月

目　录

\ 第一章 \ 社会创造性的性质

在科学研究日益深入、人类文明持续发展的今天，创造性成为人们关注的焦点，因为人类的一切进步都离不开创造或创新。多少年来，人们更青睐科学技术上的创新，对科学家或工程师表现出来的科学创造性褒赏有加，对音乐、绘画等艺术领域的创新也高度推崇，莫扎特、贝多芬、达·芬奇等名家的作品及其展现的艺术创造性令无数人神往。殊不知，在日常生活中，我们都需要而且也在表现着另一种创造性，那就是社会创造性（social creativity）。从社会领袖到企业的领导者或管理者，再到小团体的组织者，都需要具备这样一种创造性。我们对自己情绪的调控，对每天的事务的安排或时间的管理，对同学关系、同事关系、朋友关系、亲子关系、上下级关系的协调，对人际冲突的处理，也都体现着这样一种创造性。可以说，社会创造性是我们在日常生活中最常见的一种创造性，也是我们创造性生活的基本条件。

那么，什么是社会创造性呢？它与科学创造性、艺术创造性等创造性有何区别和联系？换言之，社会创造性具有怎样的性质？它对我们个人以及社会的发展具有怎样的意义？如何判断和评价一个人的社会创造性？如何探索社会创造性的规律，特别是发展规律？这些是本章要回答的问题。

第一节 创造性与社会创造性

众所周知,人们关于创造性的研究由来已久。自 1883 年英国高尔顿出版《对人类才能及其发展的探讨》(*Inquiries into human facilities and its development*)一书之后,创造性开始引起心理学家们的兴趣。从 20 世纪 50 年代开始,心理学家关于创造性的系统研究迅速兴起。自 20 世纪 50 年代至 90 年代末 40 多年的时间里,有 9000 多部有关创造性的著作出版。[①] 自然,关于创造和创造性的看法也是纷繁复杂的,迄今仍然存在众多颇有争议的问题。

一、社会创造性的内涵

如果要给社会创造性一个恰当的界定的话,我们可以把它看作日常的社会交往和社会活动中的创造性,将其视为人们在特定的人格倾向的推动下,以独特、适当而有效的方式提出和解决社会问题的心理特征。社会创造性包括创造性的认知能力和人格倾向等。它是在基本适应技能的基础上形成的更为高级的认知和行动能力以及相应的人格特征的综合体,其中包括:在社会交往和社会性问题解决过程中所表现的变通性、独特性、流畅性、适当性、有效性等思维能力或品质,好奇性、挑战性、冒险性、主动性等人格倾向,对社会生活的适应能力和善于处理人际关系、觉察他人心理变化的能力等。社会创造性的核心是创造性地解决社会生活中的问题的人格和能力。

从社会性问题的提出和解决过程来看,新颖、独特、适当、有效,是社会创造性的核心特征,其中,独特、适当和有效是最基本的特征。所谓新颖,也就是一个人提出的问题或问题解决办法是前所未有的,在历史(包括个人历史和人类历史)上是第一次出现的。当然,个人历史中的"新颖"主要具有个

---

① RUNCO M A, NEMIRO J, WALBERG H J. Personal explicit theories of creativity [J]. Journal of creative behavior, 1998, 32 : 1-17.

人价值，人类历史中的"新颖"则具有社会价值。事实上，很难恰当地评价新颖性，我们几乎无法确知一种问题及其策略是否在个人或人类历史上出现过。所谓独特，也就是与众不同，能够提出大多数人提不出的问题或问题解决办法，这可能是社会创造性的核心内涵所在，也是社会创造性能够推动社会不断进步的关键。通常，独特的也是新颖的。所谓适当，是指一个人提出的问题或问题解决办法不违背社会伦理或人类的道德标准，能够为大多数人所接受，不以损害人类的利益或社会的进步为代价。这可以看作社会创造性的社会内涵。所谓有效，是指一个人提出的问题或问题解决办法是有效的，能够推动社会进步或人类文明的发展，能较好地解决问题，消除冲突。

一般说来，思维的流畅性和变通性是思维保持独特的基本条件，而独特是思维流畅和变通的结果。当一种问题解决策略是独特而又适当和有效的时候，我们就可以在特定的群体范围内说它是具有社会创造性的。

根据这些标准，不难理解，我们这里所说的社会创造性是一种优秀而积极的心理特征或品质，那些损害文明进步和社会发展的社会问题解决策略即使能一时有效，取得一时的成功，也不能说是一种积极的社会创造性。

一个具有社会创造性的人通常能够在提出尽可能多的、与众不同的、灵活的问题解决策略的基础上，选择其中最适当而有效的策略解决问题。拥有社会创造性对人们更好地提出和解决各种社会问题，适应和组织社会生活，保持心理健康，具有重要意义。

社会创造性不同于一般的社会技能和社会性问题解决能力，因为社会技能反映了人们一般的人际交往能力或社会适应能力，社会性问题解决能力则反映了人们对社会问题情境的一般应对能力，人们只要以适当的（能够为社会所接受的）、有效的方法解决当前面临的问题，就可以说其具备了一定的社会技能或社会性问题解决能力，但未必具有较高的社会创造性。换言之，一个能恰当地与别人交谈和沟通、制订一个行动计划的人，显然是具备了与人交谈和人际沟通这种一般的社会技能，也具备了一般的社会性问题解决能力，但是，他与别人达成的行动计划未必是独特的或与众不同的，也未必是新颖的。只有当他创造性地使用这种社会技能和社会性问题解决能力提出新颖、独特、适当而有效的行动计划时，我们才能说他具有较高的社会创造性。

同时，社会创造性也不能简单地与社交领导才能画等号。因为社交领导才能更侧重人们在人际关系上，特别是在领导者与追随者关系上的管理和组织能力。当一个群体的领导者或管理者通过协调、讨论或说服等手段，成功地实现了他预定的目标或理想的时候，我们可以说他具有社交领导才能，它反映了管理者对特定社会关系的调控能力。相对而言，社会创造性的范围更宽泛一些，它包括人们处理各种人际关系和个人社会生活问题的人格倾向、认知能力等。换句话说，社交领导才能经常是社会创造性重要的表现形式，但它并不能完全代表社会创造性。当人们创造性地解决个人的情绪问题、人际冲突问题，以及周围的社会环境问题（如环境污染问题）的时候，当人们创造性地提出了引导个人、群体或社会健康发展的目标或问题的时候，可以说是表现出了社会创造性。

创造性存在"状态性或情境性创造性"与"特质性创造性"之分，也就是说，创造性既可能表现为一种状态性的创造性，也可能表现为一种特质性的创造性。前者是指人们在特定的问题情境中、在有限的时间内表现出来的创造性状态，而后者是指人们一贯的创造性倾向或特质。从这个角度出发，我们也许可以更好地理解为什么托兰斯创造性思维测验等纸笔测验或即时的创造性测验的结果缺乏预测效度，也就是说，这些测验不能预测一个人未来的创造性成就。人们在这类测验中表现出来的更可能是一种状态性的创造性，而不是特质性的创造性，这种状态创造性往往受到诱发情境、个体情绪、动机等多种因素的影响。只有一种测验能稳定地测出人们的特质创造性的时候，才可能预测其未来的创造性成就。

相应地，社会创造性表现为两种形式：状态性或情境性的社会创造性与特质性的社会创造性。当一个人偶尔以独特、适当而有效的方式调解或终止了一次人际冲突的时候，我们可以说，他或她可能具有状态性的社会创造性；当一个人在遇到人际冲突的时候总是倾向于以独特、适当而有效的方式去调解或解决冲突时，我们就可以说，他或她很可能具有特质性的社会创造性。

状态性或情境性的社会创造性与特质性的社会创造性既相互独立又密切联系。也许，我们可以这样概括二者之间的关系：特质性的社会创造性可以在特定的情境中转化为较高的状态性的社会创造性，激发出应激性或情境性的创造性成就，如偶然想出一个创造性的主意或对策；稳定的或持续的创造性成就往往需要具备较高的、稳定的特质性的社会创造性；较低的特质性的社会创造性难以产生持续的创造性成就，但有可能在特定的情境中产生应激性的或偶然的创造性成就；较低的状态性的社会创造性既不可能产生出稳定的或持续的创造性成就，也不能产生应激性的或偶然的创造性成就。一些人在平时未必表现出杰出的社会创造性，但在特定的场合或应激性的社会问题情境中却可能有出众的表现；而另一些人在创造性测验中得分较高，在现实生活中并无太大的成就。这些观点可以较好地解释这些看似矛盾的现象。

二、创造性和社会创造性的领域特征

我们知道，在人类历史上，许多科学家、艺术家、哲学家、社会领导人（包括政治家、军事家、社会活动家等）都表现出了高度的创造性。同样，在今天，各行各业都不乏杰出的人物。他们或者推陈出新，革新行业面貌，或者独辟蹊径，树立行业新规，他们都是创造性的人才。他们的创造性与我们这里所讲的社会创造性是一回事吗？这要从创造性的领域特殊性和领域一般性说起。

不同领域的创造性是一样的吗？换言之，创造性是一种跨领域的特征吗？如果是一样的，那么，牛顿、爱因斯坦等科学家的创造性，贝多芬、莫扎特、达·芬奇等艺术家的创造性，与拿破仑、华盛顿、毛泽东，以及众多著名的企业家的创造性，都应当没有区别。也就是说，每个领域的创造性人物都可以转入另一个领域，而成为另一个领域中的创造性人物。果真如此吗？其实，这是创造性的领域一般性（domain-generality of creativity）和领域特殊性（domain-specificity of creativity）的问题。领域一般性是指各个领域（如科学研究、艺术、社会活动）的创造性是一样的，创造性是跨领域的；领域特殊性是指各个领域的创造性各不相同，每个领域的创造性都是独特的，一个领域的创造性并不适用于另一个领域。

（一）有关的研究结论并不一致

近几十年来，特别是 20 世纪 80 年代以来，这个问题一直是创造心理学家们十分关注的问题。他们围绕这个问题进行了很多研究。这些研究通常基

于这样一种假设：如果创造性是领域特殊性的，或不同领域的创造性之间是相互独立的，那么，不同领域的创造性之间应该相关较低或没有相关，而同一领域的不同任务之间应该具有显著的相关。在这类研究中出现了三种不同的观点：创造性是领域一般性的；创造性是领域特殊性的；创造性既具有领域一般性，又具有领域特殊性。早期的研究者大多倾向于支持第一种观点，即领域一般性观点，认为创造性是某种一般的、跨领域的人格特质或认知能力，不同领域的创造性人格和认知能力是相同的，可以用某种一般性的理论解释各种类型的创造性，这一观点在创造性研究中曾占据主导地位。① 例如，斯滕伯格曾从创造性的内隐理论（implicit theory）的角度证明不同领域的创造性的一致性。② 他发现，艺术、商业、哲学和物理学等领域的专家关于创造性的内隐理论（即对创造性的人通常具有哪些特征、创造性是什么等问题的内隐的看法）具有高度的一致性。沙利等人也指出，几乎在所有的工作中，都会用到某些层次的创造性。③④ 20世纪八九十年代以后，很多研究者则倾向于支持创造性的领域特殊性观点，认为不同领域的创造性是不同的，或者认为创造性既具有领域特殊性，又具有领域一般性。

实际上，这方面研究的结论之所以不一致，很可能是因为人们对领域的理解和操作定义不同，或者采用的研究方法不同。在这些研究中，研究者倾向于从以下三种意义上理解和界定"领域"：比较宽泛的认知能力；特定的学科或内容；特定的主题或任务。而且，他们对领域特殊性的解释也不同。相应地，他们的研究结论便不尽相同。另一方面，以具体的创造活动或任务的成绩评

① BAER J. The case for domain specificity in creativity [J]. Creativity research journal, 1998（11）：173-177.
② STERNBERG R J. Implicit theories of intelligence, creativity, and wisdom [J]. Journal of personality and social psychology, 1985（49）：607-627.
③ SHALLEY C E, GILSON L L, BLUM T C. Matching creativity requirements and the work environment：effects on satisfaction and intention to leave [J]. Academy of management journal, 2000（43）：215-223.
④ UNSWORTH K. Unpacking creativity [J]. Academy of management journal, 2001（26）：289-297.

价创造性的研究倾向于支持领域特殊性的观点，而以自我报告的量表或心理测量法评价创造性的研究倾向于支持领域一般性的观点。①②

从总体上看，两种观点都得到了相应的证据的支持。因此，很多人宁愿采取一种中立的观点，认为创造性既具有领域一般性，又具有领域特殊性。也就是说，不同领域的创造性在某些方面是类似的或相同的，而在另一些方面是不同的。事实往往如此。我们很难说不同领域的创造性是完全不同的，它们在创造性思维或认知方面的确具有某些相似性；同时，我们也很难说它们是完全相同的，不同领域的创造性人物在人格品质等方面的确存在着很大的差异。因此，在理论上，这种综合的或中立的观点似乎更有道理。然而，在现实生活中，特别是在教育实践中，人们更倾向于认为，创造性是多元的，即每个领域都有自己相对特殊的创造性。正如一些研究者所指出的那样，创造性并非只限于艺术活动、科学研究和哲学领域，它也是我们日常生活的一部分。③ 需要说明的是，这类观点或做法往往并不否认不同领域的创造性之间的相似性。

（二）创造性与具体的领域密不可分

20世纪末，一些研究者分别从不同的角度提出了一些新的理论或学说，这些理论认为创造性不是抽象的能力或特质，而是在具体专业或领域内发展和表现出来的特征。20世纪80年代，美国教育家加德纳提出的多元智能理论；20世纪90年代，美国心理学家奇凯岑特米哈伊提出的创造性系统观，美国心理学家阿马比尔提出的创造性组成成分理论，是其中比较典型的理论。

多元智能理论认为，创造性是一种高度发展的智能品质，它是多元化的，具有明显的领域特殊性，所谓的天才人物不过是在特定领域内表现出非凡创造力，同时其作品或理论具有广泛重要意义的人。这种理论认为，人类存在着

---

① HAN K S，MARVIN C. Multiple creativities？ Investigating domain-specificity of creativity in young children［J］. Gifted child quarterly，2002，46（2）：98-109.

② PLUCKER J A. Generalization of creativity across domains：examination of the method effect hypothesis［J］. Journal of creative behavior，2004，38：1-11.

③ RUNCO M A. Richards，R. Eminent creativity：everyday creativity，and health［M］. Norwood，NJ：Ablex，1997.

多种相对独立的智能，除了学校教育通常重视的数学逻辑智能和语言智能之外，还有空间智能、音乐智能、身体运动智能、人际关系智能、自我认识智能和自然智能，这八种智能是人类主要的智能形式，除此之外，还可能存在着其他的智能形式。上述每种智能都与特定的活动领域相对应。不同的智能都是平等的，一个人可能在某一个领域中具有某种高度发展的智能，也可能同时在多个领域表现出高度发展的智能，并在生活中合理地组合运用。

其中，人际关系智能是指在人际交往和社会活动中表现出来的智能。拥有高度发展的人际关系智能的人"能够看到他人有意隐藏的意向和期望"，我们可以在宗教领导人、政治领导人、教师、心理咨询专家身上观察到人际关系智能的高级形式。自我认识智能则是对人的内心世界的认知能力，即了解自己的感情生活和情绪变化，有效地辨别这些感情，最后加以标识，将其作为理解和指导自己行为准则的能力。

创造性系统观也认为创造是在特定专业和领域内进行的活动，是具有特定的人格特点和认知特点的人与外部环境共同促成的。① 个体、专业、领域是创造性系统的三个基本要素。在这个系统中，专业具有文化传递和创新参照两种作用，专业学习为个体奠定了进行创造活动所需的专业知识和信息基础；同时，它还是个体创造活动的背景，一个人的创新或创造性变化是相对于这个专业原有的知识状态而言的。在这里，专业成为创造的参照背景。领域则具有选择、评价和激励的作用，一个人的创造性作品必须得到本领域的专业人士的认可后才能推广和流传。在创造性才能发展的过程中，一个人如果具有某种天赋，有进入某个专业的机会，能够接触业内专家，其才能就会得到良好的发展。

与上述两种理论不同，阿马比尔的创造性组成成分理论从创造性的微观结构出发，分析了创造性的领域特殊性问题。她认为，创造性由有关领域的技能 (domain-relevant skills)、有关创造性的技能 (creativity-relevant skills)

---

① CSIKSZENTMIHALYI M. Implications of a systems perspective for the study of creativity ［M］//STERNBERG R J.Handbook of creativity. New York：Cambridge University Press，1999：313-338.

与工作动机（task motivation）三个部分组成。其中，有关领域的技能包括领域的专门知识、技能和特殊的天赋等；有关创造性的技能包括适宜的认知风格（如打破思维定式、探索多种思维方法、延缓做出判断、精确地记住有用的信息）、产生新颖想法所需的启发性知识（如尝试采用违反直觉的方法、通过研究相互矛盾的现象提出假设）、有益的工作风格（如自律、独立、延迟满足、面对挫折不气馁、不盲从）；工作动机主要是指在特定领域内进行特定创造活动的态度。尽管人们可能在多个领域表现出高度的创造性，但他们的创造活动总是在具体的领域中进行的。

世纪之交，一些研究者进一步从具体的创造性行为入手，论述了创造性与领域的关系。例如，有研究者把创造性行为分为五种：旨在解决重大科学问题的创造性行为（如自然科学家的行为）、旨在建构理论的创造性行为（如社会科学家的行为）、艺术作品的创作和科学发明行为（如作家、画家、作曲家、发明家的行为）、艺术表演行为（如舞蹈家和演员的行为）、涉及高风险行动的行为（如政治领袖推动社会或政治变革的行为）。[①] 根据人们在工作中的表现，又可以把创造者分为四种类型：精通者（master）、制造者（maker）、内省者（introspector）、影响者（influencer）。其中，精通者能够精通现有的专业，并将这种专业的传统发扬到极致，莫扎特、贝多芬等人是其典型代表；制造者挑战现有的专业，致力于创造新的专业，爱因斯坦、达尔文等人都是其典型代表；内省者致力于探索个人的心灵，弗洛伊德等社会科学家是其典型代表；影响者的创造性突出地反映在对他人的影响上，甘地、罗斯福等政治领袖是其典型代表。显然，那些对社会和群众产生了深刻影响的人通常也是具有高度社会创造性的人。

根据这些理论，社会创造性很难说是一种跨领域的、抽象的创造性，而是在社会生活领域，特别是在社会活动和人际交往中表现和发展起来的具体的

---

① POLICASTRO E，GARDNER H. From case studies to robust generalizations：an approach to the study of creativity［M］//STERNBERG R J.Handbook of creativity. New York：Cambridge University Press，1999：220-222.

创造性。它与科学研究、艺术创造领域的创造性有所不同。它看起来好像没有明确的专业或领域，或者说它所在的领域、所属的"专业"通常是非学术性的。它需要更广泛的社会经验或社会知识，需要更广阔的社会生活背景，而社会创造性成就的评价和认可则是由人类或特定的社会群体来完成的。相对而言，社会创造性与文化的关系、与社会成员的关系更密切。同时，由于社会创造性与个体日常生活联系紧密，它的发展并不像其他领域的创造性那样，会受到专业教育机会和业内人士的深刻影响。

（三）创造和创造性具有不同的层次和内涵

众所周知，人们对创造性的理解是多种多样的。正如研究者所指出的那样，对创造性下定义是一件十分困难的事情。[①] 在涉及不同领域、采取不同方法进行定义的时候尤其如此。认知心理学家倾向于把创造性界定为某种心理过程，艺术心理学家倾向于把创造性界定为一种产品，人格心理学家则倾向于把创造性看作一种人格特质。

事实上，有不少研究者试图整合各种理论和研究。创造性的游乐园理论（the amusement park theory of creativity）就是这样一种尝试。[②] 它试图揭示创造性的不同层次和内涵。

这种理论将创造活动形象地比喻为去游乐园游玩，认为创造活动的领域可以划分为三个层次：一般主题领域（general thematic areas）、子领域（domains）和微观的领域（micro-domains）。一般主题领域处于创造领域的第一个层次，它是指主要的创造活动领域，如艺术领域和科学研究领域，在性质上与加德纳的智力或智能活动类型相似。它就像某一类主题公园（如水上公园或动物园）。子领域是一般主题领域内包含的具体的创造领域，例如，艺术就包括诗歌、雕塑、绘画、音乐等具体的创造活动领域。它处于创造领域的

① SIMONTON D K. Creativity from a historiometric perspective［M］//STERNBERG R J. Handbook of creativity. New York：Cambridge University Press，1999：117-133.
② BAER J，KAUFMAN J C. Bridging generality and specificity：The amusement park theoretical（APT）model of creativity［J］. Roeper Review，2005，27（3）：158-163.

第二个层次。微观的领域是指各个具体的领域内所包含的一系列具体的活动任务，它处于创造领域的第三个层次。一方面，在不同的领域特别是不同的子领域和微观领域的创造性可能具有很多相似性，如一个富有创造性的诗人和一个富有创造性的记者可能都有很强的口语表达能力和文字表达能力；另一方面，这些领域的创造性又可能有所不同，如记者和诗人可能具有不同的创造性思维风格。由于不同的微观领域有很大差异，人们在这些微观领域进行创造活动时，创造性的表现形式和相互影响也可能有所不同，例如，在音乐这一领域内，吉他演奏（微观领域）中所具有的创造性有助于钢琴演奏（微观领域）的创造活动，但未必有助于舞蹈中的创造活动。

相应地，创造活动则可以分为四个环节或层次：第一，创造活动需要具备一些最基本的要求，包括智力、动机和环境条件，就像为了去游乐园而需要具备某些基本的条件（如交通工具、门票）一样；第二，人们需要首先进入某个一般主题领域，就像人们在去游玩时首先进入他们感兴趣的某一类主题公园一样；第三，人们必须进一步选择某个具体的领域，例如，在不同的艺术子领域（如舞蹈、音乐、美术）中进行选择，就像人们已经决定去某一类主题公园游玩，接下来就必须选择一个具体的游乐园一样；最后，人们一旦选定某个子领域，就要进一步执行每个领域中的具体任务，即微观领域（如弹奏一首乐曲、创作一幅画），如同在某个游乐园中选择具体的娱乐活动。显然，第一个环节是最基本的、最一般的，随后的各个环节的领域特殊性逐渐增强。有研究支持了这种观点。[1][2]

显然，这种观点较好地揭示了创造活动的层次性，也较好地揭示了创造性的层次性，更符合创造活动的实际情况。但是，创造活动和创造性的这种层次性需要更多的研究证据的支持。

---

[1] KAUFMAN J C，BAER J. Creativity across domains：faces of the muse. Hillsdale［M］.NJ：Erlbaum，2005：169-185.

[2] ORAL G，KAUFMAN J C，AGARS M D. Examining creativity in Turkey：do western findings apply？［J］. High Ability Studies，2007，18（2）：235-246.

事实上，社会创造和社会创造性也可能具有这种层次性。政治、企业和组织管理、日常社交等，可以看作社会生活这个一般主题领域中不同层次的子领域，而这些子领域又包含着多种具体的活动任务或微观领域。相应地，社会创造与科学研究、艺术等一般主题领域内的创造有所不同，社会创造性与科学创造性、艺术创造性也应该有所不同。另一方面，在不同类型、不同层次的社会创造活动中，人们表现的社会创造性既具有相似性，也可能有所不同。在现实生活中，我们不难发现这一点。当然，社会创造性的这种层次性或内涵有待进一步研究。

不容否认，创造活动的存在形式和创造性的表现形式都具有多元性。就像吉尔福特所指出的那样，在任何有问题存在的地方，包括在人际交往情境中，都需要有创造性的行为。① 创造性普遍存在于人们的日常生活中。创造性可以在多个领域表现出来，它不仅表现在科学、艺术领域，而且表现在社会活动领域；在每个领域中，创造性在不同的问题情境中也可能有不同的表现形式。社会生活，包括社会活动和人际交往，是十分重要的创造活动领域。社会性问题，包括个人的社会性问题（如情绪管理、时间管理）、人际关系问题（朋友、同事、亲子、夫妻，以及上下级之间）、宏观的社会问题（如环境污染的治理、民族和国家关系问题、经济发展问题），几乎出现在人们每天的生活中，创造性地解决各种社会问题的机会和可能性也是普遍存在的。因此，这个领域的创造性，即社会创造性，也应当是普遍存在的。与科学研究、艺术创作中的创造性相比，它可能具有更明显的特殊性。

三、社会创造性的意义

通俗地说，社会创造性就是我们在社会生活中表现出来的，也是在社会生活中必需的创造性。我们的社会生活包括多个方面：它既包括每个人自身的情绪和情感生活，也包括人与人之间的社会交往和群体生活，还包括在社区乃至社会大环境内的社会生活。换言之，在我们个人的情绪管理、时间管理中，

---

① GUILFORD J P. Intelligence, creativity, and emotional implications [M]. Knapp: San Diego, 1968.

需要社会创造性；在我们的人际交往中，需要社会创造性；在我们的集体生活中，包括在社区生活、环境保护、社会危机应对和处理等各个方面和层次的集体生活中，也需要社会创造性。

从个人意义上来说，社会创造性不仅可以保障个人心理健康，还可以提高个人生活质量，提高其创造性生活的能力。无可否认，每个人在生活中都会遇到各种各样的情绪困扰，都需要应对和解决学习、人际关系中的各种问题，需要面对集体生活中的各种问题，所有这一切，需要人们发挥自身的创造性，积极地解决。

近年来，在各个年龄段的儿童青少年，特别是中小学生和大学生中，同学冲突、师生冲突乃至亲子冲突屡见不鲜。只要打开互联网，因应对或处理不当而导致的各种悲剧性事件，包括抑郁、自杀、打架斗殴、伤害别人或杀人、离家出走等，随处可见。

进入 21 世纪之后，不少研究机构对中国儿童青少年的心理健康状况和社会生活状况进行了调查。中国儿童中心 2006 年发布的《中国儿童的生存与发展：数据与分析》指出，中国至少有 3000 万 17 岁以下的儿童受到各种情绪障碍和行为问题的困扰，5.2% 的儿童存在明显的躯体化、强迫症状、人际关系敏感、抑郁等心理健康问题，而高中阶段的心理障碍发生率显著高于初中阶段的。中国疾病预防控制中心对近万名中小学生的调查表明，17.4% 的孩子"认真想过自杀"，8.2% 的孩子甚至"做过自杀计划"。中国科学院心理研究所对全国 15 个省、直辖市的 12～18 岁未成年人的调查也发现，13.8% 的被调查者心理健康状况"较差"，2.3% 的心理健康状况"差"。另有大规模的调查报告表明，各年龄段的青少年均存在不同程度的人际交往问题。如中国人口宣教中心 2010 年对小学、初中、高中和大学生的调查结果显示：75% 的高中生觉得与父母的交流"有问题"或"偶尔有问题"，55.5% 的高中生与父母之外的其他人交往时"有问题"；初中生与父母之间的争吵增多，他们不愿意跟父母交流，认为父母不理解自己，同时又害怕父母的批评和唠叨；80% 以上的大学生"感到孤独"；很多高中生和大学生感到自己人际交往能力差，不知道如何与陌生人交往，或者感到自己不适合与别人交往，因而自信心不足。显然，这些大规模的调查一致表明，不同年龄段的儿童青少年均普遍存在情绪管理、社会交往和人际关系冲突等方面的"社会性问题"，相当一部分儿童青少年对此无能为力，无法有效地解决这些问题，这最终导致他们产生一系列情绪困扰和人际关系困扰，严重影响了他们的学习和日常生活。

不仅仅是未成年人，成年人亦如此。近年来，家庭环境中不断加剧的冲突，包括婚姻冲突、代际矛盾（包括成年人婚后与父辈的矛盾、与孩子的矛盾），工作环境中的同事冲突、上下级冲突，以及各种各样的邻里矛盾等，充斥着报纸、杂志、网络、电视等大众媒体。情感挫折（如失恋、婚姻失败）、职业发展问题（如就业困难、失业、工作业绩不佳、同事关系紧张）、师生关系和朋友关系紧张、学习压力过重或学业失败等，成为人们热议的话题。其中大多数冲突与人们不善于管理自身的社会生活、人际关系有关，也与人们不能适当而有效地解决各种社会问题有关。

社会创造性是一个人特有的"财富"。人拥有这笔"财富"，就可以轻松地应对社会生活中出现的各种问题。首先，拥有社会创造性的人通常有一种应对危机、解决问题的积极态度；其次，拥有社会创造性的人会利用一切资源，寻找一切可以解决问题、应对危机的办法，并从中找到最适当、最新颖有效的办法。拥有社会创造性，意味着能够成功地管理自己的社会生活，为自己和他人创造更美好的社会生活环境，避免各种不幸或冲突。拥有社会创造性，意味着社会适应良好，意味着能够与同学或同事、亲人或陌生人、上级或下级、恋人或朋友和谐相处，形成积极的人际关系和良好的发展氛围。

社会创造性对社会的发展也至关重要。我们打开电视、电脑和广播，翻开报纸、杂志，马上就会被各种各样的社会事件或"社会性问题"淹没，有的涉及不同经济阶层之间的关系冲突，有的涉及种族或民族之间的矛盾，有的涉及当前发生的社会危机（如经济危机、严重的失业问题、环境污染问题），有的涉及违法犯罪问题，有的则涉及严重的自然灾害的处理问题。一个组织或集体亦如此。如何组织和管理一个企事业内部的工作人员，如何协调不同层次、不同类型的人际关系，获得最大的社会效益和经济效益，等等，都是需要管理者面对和解决的问题。正是通过解决各种"社会性问题"，一个社会的政治、经济、文化才不断发展，人类文明才不断进步。人类历史上无数优秀的社会领导人、无数杰出的企业家和管理者，都曾充分地显示了自身的社会创造性，推动了当时的社会的发展。可以说，社会创造性是推动社会快速发展、优化社会生活秩序的基本心理条件。正是有了社会创造性，人们才能形成和谐的家庭关系、阶层关系、组织关系和民族关系，创造美好的社会生活环境。

第二节　社会创造性的基本特征

社会创造性就是一般的创造性思维吗？它是一般的创造性人格倾向吗？它与其他领域的创造性毫无关系吗？它是相对稳定的还是变动不居的？它到底是一种稳定的特质，还是一种随情境而变化的状态？进入 21 世纪，心理学研究者对这些问题进行了一些探索，虽然还无法给出最后的答案，但他们的探索对理解社会创造性的性质具有重要的启发作用。

一、社会创造性与一般创造性思维、创造性人格的关系

作为社会交往和社会活动领域的一种创造性，社会创造性是不是一般的创造性思维或人格？如果不是，它们之间又存在一种什么样的关系？其实，上述问题与创造性的领域一般性、领域特殊性问题有关。如前所述，对创造性是否具有领域特殊性的问题，研究结论并不一致。既然如此，那么，社会创造性是否与一般的创造性思维和创造性人格有某种特殊的关系？

到目前为止，人们在这方面的研究结论是不一致的。以儿童为对象的研究发现，社会创造性是一种统一的结构，儿童在人际冲突中表现出来的社会创造性的创造性思维品质，如思维的流畅性、变通性（灵活性）、独创性，相互具有较高的正向相关。也就是说，在给儿童呈现一种人际冲突（如同伴、朋友之间的冲突，父母与孩子之间的冲突）情境的时候，儿童在特定时间内产生的想法或问题解决办法的数量、思考角度的多样性、独特性的程度之间是共同升高（增多）和共同下降（减少）的关系，尽管它们之间可能并不存在因果关系。另

一方面，儿童在这些人际冲突情境中表现的上述特征，与他们在词语方面的思维流畅性，与他们一般的智力水平，均具有显著的正相关。① 也就是说，儿童的社会创造性随着他们的智力水平和思维流畅性的提高而提高。尽管很多人都假定创造性与一般的人格倾向、认知能力密切相关，但是有一些研究，特别是以大学生为对象的研究，却得出了不同的结论。这些研究者发现，社会创造性与一般的创造性人格倾向、思维能力之间并不存在显著的相关。②③

实际上，相关的实证性的心理学研究并不多，尚缺乏系统的、贯穿各个年龄段的研究。上述研究的结论不一致，其原因可能是多方面的。在研究过程中，很多研究者只从思维方面评价社会创造性，这是在社会创造性与社会活动情境中的创造性思维之间画上了等号，他们直接把社会创造性等同于社会情境特别是人际关系冲突中的创造性思维特征，包括思维的流畅性（通常以在特定时间内想出的问题解决方法的数量来评价）、思维的独创性（通常以一种问题解决方法在同类人群中的与众不同的程度来评价）、思维的变通性（通常以人们提出的问题解决方法所属的种类数来评价）等方面。而这些可能是社会创造性的某一侧面，而不是社会创造性的全部内容。

这一点很容易理解。设想一个人正处于一种人际冲突（如与家人、朋友、同学或同事意见不同）之中，他要很好地解决这个问题，或消除这种冲突，就必须首先愿意去面对这种冲突，愿意去解决这个问题，然后，他才会开动脑筋去想办法，从多个角度想出各种办法，在此过程中，表现出他的流畅性、独特性和变通性等创造性的思维品质。因此，进行"社会创造"的动机和人格倾向，不应简单地排除在社会创造性之外，而应列为社会创造过程的必要环节和社会创造性的

① MOUCHIROUD C，LUBART T I. Social creativity：a cross-secitonal study of 6-to 11-year-old children［J］. International journal of behavioral development，2002，26(1)：60-69.

② JAMES K， CLARK K， CROPANZANO R. Positive and negative creativity in groups，institutions， and organizations：A model and theoretical extension［J］. Creativity research journal，1999(12)：211-226.

③ JAMES K，ASMUS C. Personality， cognitive skills， and creativity in different life domains［J］. Creativity research journal，2001，13(2)：149-159.

重要内容。同时，面对一个社会性的问题或冲突，一个人采取的问题解决办法应当是为社会或大多数人所接受的，而且应当有实际效果。这是社会创造性的"社会关系侧面"。如此说来，一个人的社会创造性不仅应包括创造性的思维特征，而且应包括创造性的人格和动机倾向。就具体的社会问题解决方法所体现的社会创造性而言，它还应包括适当性和有效性等社会关系层面的内涵。换言之，社会创造性既包括思维侧面，也包括人格和动机侧面以及社会关系侧面。

近年来，我们基于上述理论设想，以儿童为研究对象，采取新的方法，考察了社会创造性与一般的创造性思维及人格的关系，探讨了儿童社会创造性的内部一致性和领域特殊性问题。事实上，创造性不仅发生和应用于每一个领域中，而且表现于不同年龄的群体中。[①] 我们的研究并不是完美无缺的。一方面，以儿童为对象的研究结论并不能完全代表成年人的实际情况；另一方面，我们所采用的研究工具和手段未必完美。尽管如此，这些研究结论仍然可以帮助我们更好地理解社会创造性的性质。

我们运用以班级为单位随机取样的方法，从湖北省武汉市典型的普通小学中抽取三至六年级的学生 194 名，包括 113 名男生和 81 名女生，对他们进行访谈。其中，三年级 40 人（男 26，女 14），四年级 49 人（男 32，女 17），五年级 56 人（男 30，女 26），六年级 49 人（男 26，女 23），平均年龄为 10.5 岁。

在这项研究中，我们主要采用半结构式的生活情境访谈，考察各年级儿童的社会创造性倾向。在参考有关研究 [②] 的基础上，我们编制了访谈提纲，访谈包括同伴交往、师生交往和亲子交往三种典型的社会交往情境，每种情境又包括发起社会交往、维持社会交往与解决冲突三种情况。整个访谈设有十二个问题，其中包括九个假设的故事情境与三个真实的生活情境，每个情境都要求儿童回答面对该情境会怎么办（或怎么做的），并提出尽可能多的和与众不同的问题解决方法。

---

① RUNCO M A. Creativity ［M］// SCHACTER D L，WAXLER C. Annual review of psychology，2004，55（1）：657-687.

② 周宗奎. 儿童的社会技能［M］. 武汉：华中师范大学出版社，2002.

例如，在同伴交往方面，我们会先向儿童呈现这样一个情境（维持社会交往的情境）："如果你看到几个陌生的孩子正在欺负你的一个朋友。"随后，我们会向儿童提出一系列问题或要求："这时，你会怎么办呢？为什么？""怎样才能不让朋友受欺负呢？""还有其他的办法吗？请你尽可能多地说出你想到的办法，尽量说出跟别人不同的办法。"因为假设的情境也许不能完全反映儿童的实际生活，所以，我们设计了一些可以反映他们真实的生活情境的问题。例如，"在与同学或朋友交往的过程中，经常会发生一些事情，你能谈谈在你与同学或朋友交往时发生的某一件事情吗？例如，你们之间的矛盾、冲突、争执或不愉快的事情。"随后，我们也会提出一系列问题或要求："当时你是怎么做（解决）的？为什么？""对于这件事情你还有其他的办法吗？请你尽可能多地说出你想到的办法，尽量说出跟别人不同的办法。"

在研究过程中，我们让经过统一培训的发展心理学专业研究生对儿童进行个别访谈。为了确保访谈资料的完整性，整个访谈过程是录音的。访谈录音资料均转写为文字。在参考已有研究的基础上，结合采集到的访谈材料，我们从社会创造性思维能力（独创性、流畅性、变通性）、社会创造性人格（好奇性或主动性、挑战性、冒险性）、社会创造性的社会情境性或社会技能特征（适当性、有效性）三个维度、八个方面，让五位心理学专业研究生根据统一的评分标准，对每位儿童的回答进行独立评分，最后求得平均值。其中，独创性是指儿童提出的问题解决方法或策略与众不同的程度；适当性是指问题解决方法或策略在社会交往中的适当程度，或大多数人对问题解决方法或策略的接受程度；有效性是指通过儿童提出的问题解决方法，成功达到特定的交往目标的可能性；流畅性是指儿童提出的问题解决办法的数量；变通性则用儿童提出的问题解决办法的类别来表示。好奇心或主动性是指遇到矛盾或冲突时儿童能够积极主动地去解决的程度；挑战性是指儿童不怕困难的程度；冒险性则是指儿童在人际交往中有主见，解决问题时不怕遭到别人批评或嘲笑的程度。为了保证评价的一致性，我们计算了五位评价者在各个指数上评分的一致性系数，发现评定者的评价具有较高的一致性。

我们采用在国外研究基础上编制的创造性思维测验，测量和评价儿童的一般创造性思维水平。[①] 本测验包括词语联想、故事标题、设计、添画、画影子五个部分，主要测量流畅性、变通性、独创性三个方面。这项测验具有良好的信度和效度，也有一套有效的评分方法。在我们的研究中，由心理学专业研究生按照统一的要求进行集体施测和评分。

另一方面，我们采用威廉姆斯（Williams）、林幸台、王木荣 1994 年修订的威廉姆斯创造力测验（The Creativity Assessment Packet）发散性情意测量部分，测量儿童的一般创造性人格倾向。[②] 这项测验包括 50 项自我报告题，主要测量好奇心、冒险性、挑战性和想象力四个人格维度，具有良好的信度和效度。为了使之适用于儿童，我们在不改变题目原意的基础上，适当改变了个别题目的表述方式。分析表明，这项测验是可靠的、有效的。

我们得到了一系列有意思的研究结果。首先，小学儿童的社会创造性的各个维度之间均呈极其显著的正相关，除了适当性与其他指数（有效性除外）的相关系数较低外，其他各指数之间、适当性与有效性之间的相关系数均较高。这说明，我们所测量的社会创造性的各个维度或方面具有良好的内部一致性，是一种相对统一的、综合性或整体性的心理特征。这与我们倡导的创造性的系统构成观是相符的，这种观点认为，创造性是一个由创造性认知或思维、人格等要素构成的系统。[③]

另外，适当性与有效性之间的相关系数也较高。这在一定程度上说明，社会创造性的三个成分或侧面也具有相对独立性，尤其是它的社会情境性成分或社会技能特征。一方面，在解决生活中的各种"社会性问题"的过程中，创造性的思维和人格可以使一个人"标新立异"，但是，在强调问题解决办法必须适当的情况下，这种"求异"的倾向则可能被削弱。如果某种问题解决的策略或方法、某种社会行为背叛了社会伦理，违背了大众的利益，遭到普遍反对，那么，这种策略就失去了价值。社会创造性就是要在"求异性"的思维、

① 郑日昌，肖蓓玲.创造性思维测验手册［M］.北京：北京师范大学出版社，1993.
② Williams，林幸台，王木荣.威廉斯姆创造力测验［M］.台北：心理出版社，1994.
③ 谷传华.创造系统观及其对创造教育的启示［J］.教育研究与实验，2005（3）：51-55.

人格倾向与"求同性"的社会要求之间达成某种平衡。这与美国创造心理学家奇凯岑特米哈伊的观点 ① 一致。

小学儿童社会创造性与一般创造性思维、创造性人格倾向之间具有明显的正相关关系。具体而言，除了社会创造性的社会关系侧面（适当性与有效性）与一般创造性思维、人格（挑战性除外）均不存在显著相关之外，社会创造性的独创性、流畅性、变通性、好奇性、挑战性、冒险性与一般的独创性、流畅性、挑战性倾向之间均具有显著的正相关。

可见社会创造性与一般的创造性思维、创造性人格之间可能具有十分密切的关系。但是，从绝对值来看，这些相关系数又不是太高，这意味着，它们并不完全等同。换言之，儿童的社会创造性既具有自身特殊性，又与一般创造性有某种相通或相似之处。显然，这部分支持了创造性的领域特殊性观点，又在一定程度上支持了创造性的领域一般性观点。一方面，社会创造性与一般创造性思维（变通性除外）具有显著的相关，这说明，在提出和解决各种"社会性问题"时，一般的发散性思维和人格特点可能会发挥一定的作用；另一方面，适当性、有效性与一般的发散性思维、人格之间的相关系数较低，这说明，社会情境性（或社会技能特征）可能是社会创造性的特殊内涵，这反映了社会创造性的领域特殊性。

通过进一步分析，我们发现，在总体上，社会创造性中的思维成分与一般的创造性思维能力具有明显的相关关系或对应关系，社会创造性中的人格成分与一般的创造性人格具有明显的相关关系或对应关系，而社会创造性中的社会技能或社会情境成分与一般的创造性人格和思维不存在明显的相关或对应关系。换言之，社会创造性既有与一般的创造性（包括创造性思维与人格）相重叠的部分，又有自身的特殊内涵和结构。这种重叠主要表现在社会创造性的思维与一般的创造性思维的稳定对应关系上，也表现在社会创造性的人格与一般的创造

---

① CSIKSZENTMIHALYI M. Implications of a systems perspective for the study of creativity [M] //STERNBERG R J.Handbook of creativity. New York：Cambridge University Press，1999： 313-338.

性人格之间的稳定对应关系上；而适当性和有效性可能是社会创造性的特殊成分，社会创造性的特殊内涵主要表现在它的社会情境性和社会技能特征上。

上面的结果还意味着，社会创造性与一般意义上的创造性可能是相互影响的。挑战性、好奇心和冒险性等人格特征，认知或思维过程具有流畅性、独创性和变通性等特征，可能影响社会创造性表现。另一方面，作为日常生活中广泛存在的一种特殊类型的创造性，社会创造性的普遍"运用"可能对一般的发散性思维和人格的发展起到"催化"作用。

由于我们权衡了研究方法特别是测量手段的科学性，力求避免有关的研究方法的局限性，因而，这项研究的结果应该在一定程度上反映了社会创造性与一般的创造性思维、一般的创造性人格的关系。这项研究访谈的内容比较全面，涉及儿童最基本的社会性活动，具有较高的典型性和代表性。我们的研究同时以假设的故事情境与实际的生活情境的形式，分别从思维、人格、社会情境性三个方面，考察了儿童潜在的社会创造性与现实的社会创造性。这种做法有效地避免了一些研究偏重潜在的创造性而忽视现实创造性的倾向，以及偏重创造性思维而忽视创造性人格的倾向。需要指出，由于研究是在儿童群体中进行的，上面的结果可能只是反映了较低年龄段的情况，而没有反映更高年龄段特别是成年人的实际情况；而且，通过情境访谈的方法评价的社会创造性与通过问卷或量表等手段评价的社会创造性，未必是完全相同的。通过不同的方法或手段评价的社会创造性也可能是不同形式、不同类型的创造性。这也是我们下面要讨论的内容。

二、社会创造性的稳定性和变化性

创造性是稳定的还是不稳定的？对于这个问题，大多数心理学家的回答一直是肯定的，即认为创造性是一种稳定的特质。在持肯定意见的心理学家中，以托兰斯（Torrance）为代表的、倾向于以心理测量法评价创造性的心理学家最为典型。有研究者回顾了半个多世纪以来从不同层次考察创造性的研究，发现对创造性的人本身的特征（而不是创造产品、创造过程和创造环境）的研究是创造性领域的实验研究、个案研究或问卷调查的焦点，在这些研究的操作定义中，创造性被看作一种相对持久和稳定的特质。① 这在以创造性思维为主题的研究中尤其明显。

近半个世纪以来，创造性思维能力一直是创造性测量研究的核心，20 世纪 60 年代编制的托兰斯创造性思维测验是最常用的测量工具。在创造性研究领域中，托兰斯等人的创造性思维测验一直在创造性研究方法中占据重要地位。创造性思维测验所测量的创造性思维能力也被认为是一种稳定的特质。人们在创造性思维的流畅性、独创性、变通性等方面的表现成为区分其创造性水平高低的基本标准。根据这些心理学家们的假设，创造性思维测验的成绩理应成为预测人们将来的创造性成绩的重要指标，在创造性思维测验上得分高的人在将来应该有更大的创造性的成就。

但是，事实并不像研究者预想的那样，托兰斯创造性思维测验的成绩并不能很好地预测人们的创造性成就。创造性到底是一种稳定的特质，还是一种对特定的问题情境的反应倾向？它是否既可以作为稳定的特质而存在，又可以表现为情境性的反应倾向？对这些问题的回答，有助于理解创造性的本质，也直接关系着我们对社会创造性本质的理解。

我们以小学儿童为研究对象，分别运用自编的小学儿童社会创造性倾向问卷和上面提到的生活情境访谈作为研究工具或手段，考察了儿童在社会生活或社会性问题解决过程中的独创性、流畅性、变通性、好奇性、挑战性、冒险性、适当性、有效性。在问卷中，我们列出一系列关于个人社会创造性特质的陈述，要求儿童根据自己的实际情况，选出最符合自己的一个选项。② 例如，"我做事有主见，不怕遭到别人的嘲笑或批评"，要求儿童根据自己的情况，确定这个陈述是"完全符合"，还是"部分符合"或"完全不符合"。显然，这个问卷所实际上评价的是儿童日常的社会创造性特点，是他们经常或一贯表

---

① HENNESSEY B A, AMABILE T M. Creativity [M] // FISKE S T. Annual Review of Psychology. CA: Palo Alto, Annual Reviews, 2010, 61: 569-598.
② 谷传华，周宗奎，胡靖宜. 小学儿童社会创造性倾向问卷的测量学分析[J]. 中国临床心理学杂志，2008，16(4): 340-343.

现的行为特征。与此不同，在访谈过程中，我们要求儿童对具体的生活情境做出反应，让他们在较短时间内给出多种可能的解决办法。① 因此，访谈更可能评价的是一种"情境性"或"状态性"的社会创造性，它可能随着问题情境的不同而不同，也可能随着问题解决者的个人状态的变化而变化。这项研究的目的就是查明问卷测量的社会创造性与访谈所评价的社会创造性是否完全一致，二者是否具有不同的特点。

　　经过分析，我们得到了有意思的结果。我们发现，用问卷法测量的独创性、流畅性、变通性、好奇性、挑战性、冒险性、适当性、有效性之间两两相关显著，采用访谈法评价的独创性、流畅性、变通性、好奇性、挑战性、冒险性、适当性、有效性之间也具有显著的相关。它们都具有良好的内部一致性。也就是说，采用两种方法评价的各个指标基本上都属于同一个东西。另一方面，采用访谈法评价的社会创造性与采用问卷法测量的社会创造性之间尽管是显著相关的，但并没有太高的相关系数。这说明，两种方法评价的社会创造性并不完全相同，虽然它们都叫作社会创造性。换言之，它们可能是社会创造性的两种存在形式。

　　后来的研究提供了进一步的证据。研究的结果表明，两种社会创造性的发展趋势有所不同，相对稳定的人格（特别是对新鲜经验的开放性）和自尊、基于互联网的长期的社会交往经验可以预测人们在日常生活中表现出来的稳定的创造性倾向，而不能很好地预测在特定时间内对特定的问题情境的反应或状态。也就是说，在日常生活中，儿童越是喜欢寻求和体验新鲜的事物或活动，自我价值感越高，通过网络等方式进行的社会交往越多，他们创造性地提出和解决社会性问题的人格倾向和认知能力也就越强，因为高自尊的儿童通常更喜欢展现自己的能力，更认同自己的想法，也更容易得到同伴的拥戴，类似地，经验开放性较高的儿童更喜欢变化，希望获得新的体验，乐于接受环境的挑战，这对解决各种社会性问题、处理各种人际关系都是有益的。但是，这些儿童在特定的时间内回答或解决一个特定的问题时，则未必能提出创造性的问题解决方法，因为他们

---

① 谷传华，刘艳，周宗奎．小学儿童社会创造性的内部一致性及其领域特征［J］．心理科学，
　2010（3）：106-110.

对问题情境的反应容易随情境、个体状态（如动机、情绪）的变化而出现波动。

问卷法要求儿童报告自己日常生活中一贯的社会创造倾向或行为方式，它测量的是儿童稳定的认知能力和人格特质，更可能是一种创造性特质，或者叫"特质创造性"，而通过访谈法评价的社会创造性更可能是一种创造性状态，或者叫"状态创造性"。前者是相对稳定的，后者则是情境性的或状态性的。状态性的社会创造性（也可以称为情境性的社会创造性）与特质性的社会创造性可能是社会创造性的两种存在形态。前者是短时间内对特定的情境所表现出来的反应状态，受情绪、动机和情境等多种因素的影响，它往往是波动的或不稳定的。后者是日常生活中一贯的创造性倾向或特质，是相对稳定的，它包括相对稳定的性格、能力、气质、认知风格等多个方面。二者既可能是一致的，即创造性特质高，创造性状态也好；也可能是不一致的，即创造性特质高而创造性状态很差。

状态创造性与特质创造性的关系以及它们与创造性成就的关系可以用图1-1 表示。

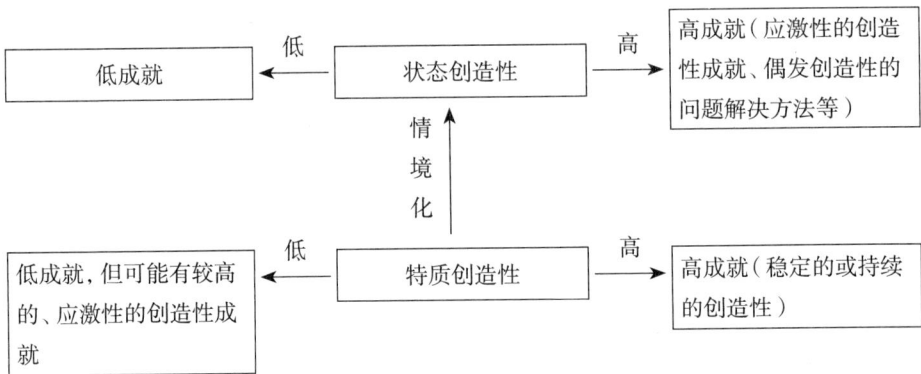

图 1-1 状态创造性与特质创造性的联系及其与创造性成就的关系

也就是说，特质创造性可以在特定的情境中转化为较高的状态创造性，激发出情境性的创造性成就，例如，面对一个问题，偶然发现一个较好的问题解决方法。稳定的或持续的创造性成就（如成功地推动一场社会变革）往往需要具备较高的、稳定的特质创造性。较低的特质创造性难以产生持续的高创造性成就，但有可能在特定的情境中促成应激性的或偶然的创造性成就。较低的状态创造性既不可能产生出持续的创造性成就，也不能产生应激性的或偶

然的创造性成就。一些人在平时未必表现出杰出的创造性，但在特定的场合
或应激性情境中却能有出众的表现；而另一些人在创造性测验中得分较高，
在现实生活中并无太大的成就。这些看似矛盾的现象都可以用上述观点来解
释。状态性的社会创造性与特质性的社会创造性的关系也是如此。当然，具
有创造性潜能，只是创造性成就产生的主要的个体条件，创造性成就的产生还
需要一系列其他的个体条件（如情绪和动机）和环境条件（如良好的家庭、学
校和人际关系环境）。图 1-1 表示的两种创造性与创造性成就之间的关系实际
上是在平衡了其他条件的前提下来说的。

　　这种观点同样有助于理解创造性思维能力与创造性成就之间的关系。为
什么通过那些限时完成的问题情境测验（如要求人们列举出一些常用物品的
用途的测验）成绩难以预测人们真正的创造性成就？这很可能是因为人们在
这类测验中表现出来的是不稳定的创造状态，而不是稳定的创造特质，是状态
创造性，而不是特质创造性。状态创造性往往受到刺激情境、个体当时的情绪
和动机等多种因素影响，是波动的。只有当一种测验能稳定地测出人们的特
质创造性的时候，才更可能稳定地预测其创造性成就。在现实生活中，创造性
的成就，如牛顿提出力学定律、爱因斯坦提出相对论，往往不是在短时间内取
得的，而是经过了长期（常常是数年）的艰苦努力才取得的。没有稳定的创造
性特质，要做到这一点很难。而心理学家们采用的创造性测验大多是情境性
测验，要求被试在限定的时间内（通常是几分钟）对问题给出答案。[1] 难怪这
类测验缺乏"预测效度"。

　　有研究者指出，人格状态代表了人们目前的心理活动水平，人格特质则代
表了人们行为的一般水平，正如气候是长期的天气状态（温度、湿度等）的平
均值一样，人格特质也是长期的人格状态的平均值。[2] 状态创造性与特质创造

① HENNESSEY B A，AMABILE T M. Creativity［M］//FISKE S T. Annual Review of
　　Psychology. CA：Palo Alto，Annual Reviews，2010（61）：569-598.
② REVELLE W. Experimental approaches to the study of personality［M］//ROBINS B，
　　FRALEY C，KRUEGER R. Personality research methods. New York：Guilford Press，2007：
　　37-61.

性的关系也是这样。特质创造性可以看作长期内表现出来的状态创造性的平均值。在特定的情境中，特质创造性可能充分地表现出来，使个体显示出较高的状态创造性，也可能不表现出来或不充分地表现出来，使个体显示出较低的状态创造性。因此，特质创造性与某个特定情境下的状态创造性之间并不一定存在显著相关，而更可能与多种情境下的状态创造性呈显著相关。

\ 第二章 \ 社会创造性的研究方法

我们知道，创造性是人们的一种基本的心理特征。心理学的大部分研究方法都适用于创造性的研究。事实上，自 20 世纪 50 年代以来，心理学的基本研究方法，包括测量法、实验法、访谈法、问卷法等，被广泛地运用在创造性研究领域。正如对一般创造性的研究一样，对社会创造性的研究方法自然也是多样的。适用于创造性研究的研究方法也基本上适用于社会创造性领域的研究。当然，由于社会创造性问题的特殊性，社会创造性的研究方法也有其特殊性，除了常用的心理学研究方法之外，还可以采用一些特殊的研究方法。根据研究对象，社会创造性的研究方法可以分为两个水平，即群体水平与个体水平；根据具体的研究目的，社会创造性的研究方法还可以分为普遍性方法（nomothetic method）与个别性方法（idiographic method）。群体水平的、普遍性的研究一般首先提出关于某个群体的"普遍适用"的心理活动规律的假设，然后选取特定的人群作为研究样本，检验这一假设，它的目的就是要考察社会创造性的一般性规律。它通常会按照统计学的标准，得出可以在一定概率上推广到同类人群中其他的个体的结论，因而，这类研究方法是强调广度的研究方法。与此不同，个体水平的、个别性的研究是要考察适用于个体的、独特的社会创造性特点或规律，因而通常选取个别的人（也可以是少数几个人）作为研究对象。在这类研究中，研究者通常会对多种侧面、多种来源的资料进行深层分析，据此得出比较可靠的结论，但这种结论却不能轻易推广应用到其他的人身上。这类研究方法实际上是强调深度的研究方法。①

　　另一方面，我们对社会创造性的研究还应考虑被研究者所处的年龄阶段。中小学生是一个特殊的年龄群体，他们的社会创造性正处于迅速发展中，可能在很多方面不同于成人。因此，对他们的社会创造性的研究，需要考虑其所处的年龄阶段或心理发展的年龄特征。从总体上看，中小学生社会创造性的研究方法也可以分为群体水平的、普遍性的研究方法与个体水平的、个别性的研究方法两大类，它们各自包括一些具体的研究方法。

第一节　群体水平的、普遍性的研究方法

　　群体水平的、普遍性的研究方法主要包括实验法、测量法、调查法。

一、实验法

　　实验法在严格控制的条件下，通过操纵自变量，观察因变量随着自变量的变化而发生的变化，探测自变量对因变量的影响。在实验中，中小学生社会创造性水平的变化是一个核心变量，我们可以以它为自变量，考察它对个体其他变量（如同伴关系、孤独感）的影响，也可以以它为因变量，考察环境变量（如家庭环境、学校环境）和其他的个体变量（如内部动机、外部动机）对儿童青少年社会创造性水平的影响。长期以来，创造性的问题解决一直是创造性实验研究的主要问题。

　　阿马比尔曾采用实验法研究外部强制因素对创造性行为的影响。② 在实验中，在被试不知道实验目的的情况下，让被试完成他们感兴趣的任务，实验组被试在接受工作之前具有明显的外部期望（如告诉他们别人将对他们的作品进行评价），而控制组被试没有这种外部期望。然后，比较两组被试的作品

---

① 谷传华. 社会创造心理学［M］. 北京：中国社会科学出版社，2011.
② AMABILE T M. The social psychology of creativity［M］. New York：Springer-Verlag，1983.

或反应的创造性水平、被试对工作的内在兴趣等。结果表明，外部期望不利于创造性的发挥。阿马比尔认为，这类实验研究必须在各种环境和条件下进行，包括在大学实验室、小学教室和日常生活中进行，才能更好地保证研究的外部效度，使研究结论更接近人们的实际情况。社会创造性实验可以借用这种研究范例，考察外部因素对社会创造性的影响。

实验法的主要优点是内部效度较高。在研究过程中，研究者可以严格控制各种与自变量、因变量无关的变量，精确地推断自变量与因变量之间的因果关系。但是，它难以保证研究的外部效度，也就是说，实验研究的结论常常脱离实际，不能推广应用到现实生活中。在日常生活和工作场景中开展的准实验设计（如许多创造性的教育、教学实验）可以提高研究的外部效度，尽管它对无关变量的控制不是那么严格。在运用实验法探讨儿童社会创造性的特点时，我们可以根据研究问题的需要选择适当的实验设计方式。

二、测量法

（一）心理测量学方法

心理测量学方法即心理测量法，它是创造性研究者最早采用的研究方法之一。在创造性研究中，心理测量法主要是应用量表或测验，对创造性过程、创造性的人、创造性产品或创造环境等进行评价。有学者指出，当前所有创造性研究基础的方法，要么本质上是心理测量学方法，要么是在批评心理测量学的缺点的基础上发展起来的。[1] 创造性研究主要包括四个方面：创造性过程、与创造性有关的人格和行为特征、创造性产品的特征、促进创造性的环境属性。研究者为测量它们开发了数以百计的测验和量表。

在儿童青少年社会创造性的研究中，我们可以编制专门的量表或测验。当然，我们也可以采用请熟悉研究对象的人进行评价（包括父母和教师的评

---

[1] PLUCKER J A, RENZULLI J S. Psychometric approaches to the study of human creativity [M] //STERNBERG R J.Handbook of creativity. New York：Cambridge University Press，1999：35-61.

价、同伴评价或提名）等社会测量法，考察儿童生活中的社会创造性。近年来社会适应、社会性问题解决、社交领导力方面的量表或测验较多，但是，由于对社会创造性这一主题尚缺乏系统的研究，尚未出现专门测量社会创造性的量表或测验。在近年来开展的"小学儿童社会创造性的发展与培养"研究中，我们从创造性的系统观出发，编制了"小学儿童社会创造性倾向问卷"，以综合评价小学儿童的社会创造性特点。除此之外，我们还编制了"中学生社会创造性问卷"，以评价青少年的社会创造性。这是运用心理测量学方法对社会创造性的初步探索。

需要指出的是，长期以来，在创造性的心理测量学研究中，研究者主要以创造性产品或创造活动的结果作为评价创造性水平的依据。许多研究者认为，人们在成就上的差异是多方面的，而心理量表或测验只能考察其中很少的一部分，因而缺乏区分效度与预测效度，不能很好地区分出创造性水平不同的人，也不能很好地预测一个人将来的创造性成就。这是创造性的心理测量学研究被批评最多的方面。我们知道，特定的量表或测验常常只能评价创造性的某个方面，如发散性思维或创造性人格，而忽略了其他的方面。而且，创造性测验或量表主要基于这一假设：创造性是跨领域的、一般性的品质。这显然忽视了创造性的领域特殊性或任务特殊性：实际上，人们在不同的领域和任务中表现的创造性可能有所不同。因此，应用心理测量法研究儿童的社会创造性，应尽量避免这种方法的缺陷。

（二）历史测量学方法

历史测量学方法以历史上的某个人群为研究对象，运用量化的方法分析有关的历史文献资料，检验关于人们行为的普遍规律的假设。历史测量学方法与心理测量学方法的主要区别在于，前者主要通过历史文献资料测量历史上的心理与行为特征，而后者常常通过受测者的自我报告收集资料，测量现实中的人们的心理与行为特征。数十年来，西蒙顿完善了这种方法，用它研究了历史人物的创造心理，其中包括创造性与领导才能、科学发明和发现、创造性与年龄、音乐创造性等问题。①

　　运用历史测量学方法研究社会创造性问题，似乎更有可行性，因为人类历史上社会活动、人际关系领域的杰出人物更多，而且由于他们的活动（如政治家的决策）关涉普遍大众的切身利益，其社会影响更大，更为人们所关注，有关的历史资料也更为丰富。在历史人物的传记或其他文献资料中，经常会记载他们在儿童青少年时期的经历，这为运用历史测量学方法研究历史上的儿童的社会创造性提供了便利。但是，相对于成人或成年期而言，有关儿童青少年时期的历史文献比较缺乏。这是一个不利因素。

　　历史测量学方法的最大缺点在于，它受历史资料的限制较大，对历史文献资料的依赖性较强，也就是说，在可用的历史资料有限的情况下，不容易准确地分析历史人物的心理特点。西蒙顿指出，运用原始的历史记录、百科全书、词典、传记或自传、历史事件年表、书信、日记、小说、诗歌、新闻报纸等历史档案资料进行研究，是历史心理学最直接的研究方法。② 作为历史心理学的研究方法之一，历史测量学方法也会受到资料丰富性的限制。但是，这种方法完全可以与其他研究方法综合运用，相互补充，实现历史与现实的结合，将历史上的社会创造性规律与现实中的社会创造性规律相互印证、相互补益，从而得出与各类社会情境相应的"跨时代"的、更为完备的社会创造规律。对儿童社会创造性的研究亦如此。

三、调查法

　　这里所说的调查法包括问卷法、访谈法、观察法等方法。运用调查法考察儿童青少年的社会创造性，可以通过问卷调查、访谈和观察其社会行为等方式进行，也可以通过分析其作品和档案等方式进行。当然，还可以综合运用多种

① SIMONTON D K. Psychology, science, and history: an introduction to historiometry ［M］// New Haven, CT: Yale University Press, 1990.
② SIMONTON D K. Creativity from a historiometric perspective［M］//STERNBERG R J.Handbook of creativity. New York: Cambridge University Press, 1999: 117-133.

方式获取调查数据，考察儿童社会创造性的特点。

（一）问卷法

问卷法实际上是一种书面调查，它主要适用于有一定文化程度的儿童青少年。他们需要回答研究者根据特定的研究目的设计的一系列问题。问卷法的主要优点是，数据收集的效率高，便于分析；主要缺点是，提出的问题固定，不能灵活变动，而且可能有社会期许效应，即被调查的儿童可能倾向于按照社会赞许的标准回答问题。

在研究过程中，我们结合创造性理论，参考那些具有领导和社交才能的儿童和青少年的思维和人格特征，将他们典型的生活情境分为师生交往、同学交往、亲子交往三种类型，在每种情境中，又设置发动交往、维持交往和解决冲突三类典型的问题解决情境，据此编制了适用于小学中高年级儿童（特别是三年级以上的儿童）的社会创造性倾向问卷。

小学生社会创造性倾向问卷

说明：下面是一些描述你自己的句子。请用"√"勾出最符合你的那一个选项。所有的答案没有正确与错误之分。尽可能地选出最适合你自己的那一个选项就可以了。注意：只能选一个。

1.我很受同学或伙伴们欢迎

A.完全不符合　　　　　B.部分符合　　　　　C.完全符合

2.我有能力领导和管理别人，指导他们做事情

A.完全不符合　　　　　B.部分符合　　　　　C.完全符合

3.我最容易被同学或伙伴们选中做班级负责人或组织者

A.完全不符合　　　　　B.部分符合　　　　　C.完全符合

4.我常常被同学或伙伴们当作为人处世的榜样

A.完全不符合　　　　　B.部分符合　　　　　C.完全符合

5.我在同学或伙伴们中间很有威信

A.完全不符合　　　　　B.部分符合　　　　　C.完全符合

6.在与别人发生矛盾或冲突的时候，我能积极主动地解决问题

A. 完全不符合 　　　　　B. 部分符合 　　　　　C. 完全符合

7. 在与别人发生矛盾或冲突的时候，不管事情多么困难和棘手，我都会努力解决它

A. 完全不符合 　　　　　B. 部分符合 　　　　　C. 完全符合

8. 在人际交往中，我常常考虑再三，力求最好地解决问题

A. 完全不符合 　　　　　B. 部分符合 　　　　　C. 完全符合

9. 如果我想让别人支持或帮助我，无论如何我都会努力争取

A. 完全不符合 　　　　　B. 部分符合 　　　　　C. 完全符合

10. 我很容易理解别人的需要，关心别人

A. 完全不符合 　　　　　B. 部分符合 　　　　　C. 完全符合

11. 我具有激励别人积极做事的能力

A. 完全不符合 　　　　　B. 部分符合 　　　　　C. 完全符合

12. 我的口才好，善于用言语表达自己

A. 完全不符合 　　　　　B. 部分符合 　　　　　C. 完全符合

13. 我善于在各种活动中做出好的决定

A. 完全不符合 　　　　　B. 部分符合 　　　　　C. 完全符合

14. 在集体活动中，我能做一个善于评价好坏对错的"好裁判"

A. 完全不符合 　　　　　B. 部分符合 　　　　　C. 完全符合

15. 我做事有主见，不怕遭到别人的嘲笑或批评

A. 完全不符合 　　　　　B. 部分符合 　　　　　C. 完全符合

16. 在解决人际交往中的问题时，我能从多个角度想办法，做事灵活

A. 完全不符合 　　　　　B. 部分符合 　　　　　C. 完全符合

17. 我做事有恒心，不达目的不罢休

A. 完全不符合 　　　　　B. 部分符合 　　　　　C. 完全符合

18. 我很自信

A. 完全不符合 　　　　　B. 部分符合 　　　　　C. 完全符合

19. 我感到与爸爸妈妈（或家里其他的大人）交往很容易

A. 完全不符合 　　　　　B. 部分符合 　　　　　C. 完全符合

20. 我感到跟同学交往很容易

　　A. 完全不符合　　　　　　B. 部分符合　　　　　　C. 完全符合

21. 在集体活动中，我能推断一种行为会带来什么后果

　　A. 完全不符合　　　　　　B. 部分符合　　　　　　C. 完全符合

22. 我喜欢主动参与同学或伙伴们正在进行的活动

　　A. 完全不符合　　　　　　B. 部分符合　　　　　　C. 完全符合

23. 我喜欢参加学校的各种集体活动，积极主动地做事

　　A. 完全不符合　　　　　　B. 部分符合　　　　　　C. 完全符合

24. 我能很好地承担责任，办事可靠

　　A. 完全不符合　　　　　　B. 部分符合　　　　　　C. 完全符合

　　本问卷包括 6 个维度：维度一是威信或同伴影响力，包括项目 1～5；维度二是问题解决特质或冲突解决能力，包括项目 6～10；维度三是出众性，包括项目 11～14；维度四是坚毅进取性，包括项目 15～18；维度五是交往能力或社会智力，包括项目 19～21；维度六是主动尽责性，包括项目 22～24。每个项目有三个选项：完全不符合、部分符合、完全符合，分别计为 1、2、3 分。可以将各个维度包括的项目得分相加求和，或者用维度总分除以项目数，得到每个维度的总均分，也可以将各个维度的得分相加得出问卷的总分，或者用总分除以项目数，得到问卷的总均分。无论采取哪种计算方式，儿童的得分越高，社会创造性倾向越明显。在使用时，既可以集体施测，也可以个别施测。

　　在使用过程中，我们发现，这个问卷具有良好的信度和效度，可以较好地评价儿童的社会创造性。它与班主任对儿童社会创造性的评价之间具有较高的一致性，也就是说，班主任评价较高的学生在社会创造性问卷上的得分显著地高于班主任评价较低的学生。

　　我们还以中学生（包括初中生和高中生）为研究对象，编制了中学生社会创造性问卷。

中学生社会创造性问卷

1. 我最容易被同学或伙伴们选中去做一些事

A. 完全不符合　　　　　B. 部分符合　　　　　C. 完全符合

2. 我在同学或伙伴们中间很有威信

A. 完全不符合　　　　　B. 部分符合　　　　　C. 完全符合

3. 我很受同学或伙伴们欢迎

A. 完全不符合　　　　　B. 部分符合　　　　　C. 完全符合

4. 我有能力领导和管理别人，指导他们做事情

A. 完全不符合　　　　　B. 部分符合　　　　　C. 完全符合

5. 我常常被同学或伙伴们当作为人处世的榜样

A. 完全不符合　　　　　B. 部分符合　　　　　C. 完全符合

6. 我能采用与众不同的办法解决人际交往中的问题

A. 完全不符合　　　　　B. 部分符合　　　　　C. 完全符合

7. 在解决人际交往中的问题时，我能想出多种办法

A. 完全不符合　　　　　B. 部分符合　　　　　C. 完全符合

8. 在解决人际交往中的问题时，我能从多个角度想办法，做事灵活

A. 完全不符合　　　　　B. 部分符合　　　　　C. 完全符合

9. 我喜欢主动参与同学或伙伴们正在进行的活动

A. 完全不符合　　　　　B. 部分符合　　　　　C. 完全符合

10. 我喜欢参加学校的各种集体活动，积极主动地做事

A. 完全不符合　　　　　B. 部分符合　　　　　C. 完全符合

11. 我喜欢积极主动地与别人进行交往

A. 完全不符合　　　　　B. 部分符合　　　　　C. 完全符合

12. 我总是耐心地倾听或接受别人对某个事情的看法

A. 完全不符合　　　　　B. 部分符合　　　　　C. 完全符合

13. 我很容易理解别人的需要，关心别人

A. 完全不符合　　　　　B. 部分符合　　　　　C. 完全符合

14. 在集体活动中，我能做一个善于评价好坏对错的"好裁判"

    A. 完全不符合   B. 部分符合   C. 完全符合

15. 在集体活动中，我能推断一种行为会带来什么后果

    A. 完全不符合   B. 部分符合   C. 完全符合

16. 我做事有主见，不怕遭到别人的嘲笑或批评

    A. 完全不符合   B. 部分符合   C. 完全符合

17. 我做事有恒心，不达目的不罢休

    A. 完全不符合   B. 部分符合   C. 完全符合

18. 我很自信

    A. 完全不符合   B. 部分符合   C. 完全符合

    其中，项目1～5属于第一个维度，即同伴影响力；项目6～8属于第二个维度，即问题解决特质；项目9～11属于第三个维度，即交往自主性；项目12～15属于第四个维度，即交往能力；项目16～18属于第五个维度，即人际自信。分析表明，这份问卷也具有较好的信度和效度。

    在研究中学生社会创造性的过程中，我们还在访谈的基础上设计了一系列典型的故事情境，形成青少年社会创造性开放问卷，要求他们对日常生活中的典型问题提出自己的解决办法，借此评价他们的社会创造性。

青少年社会创造性故事情境问卷

    你好。在生活中，同学们经常会遇到这样那样的困惑或烦恼。这些问题往往是生活中需要有效地解决，但是还没有得到解决的。下面就列出了一些同学遇到的困难，请你告诉他们，在下列情况下应该怎么办。问卷采用匿名的形式，你在答题时不必有任何顾虑。答题之前请仔细阅读每一部分的说明。不要遗漏任何题目。注意，下列问题没有顺序方面的要求，你可以从任何一个问题写起，先回答哪个问题都是可以的，不过要回答完所有的问题。

    泽雅最近因不能很好地安排时间感到很困惑。一方面，她很想参加自己感兴趣的各种活动；另一方面，又感到学习时间很紧。泽雅该怎么办呢？（请给出尽可能多的办法，如果有更多的办法请依次向下写）

办法 1：_____
办法 2：_____
办法 3：_____
办法 4：_____

纳得这段时间感到难以控制自己，经常感到被莫名其妙的情绪困扰，这让他很不开心，可他又控制不了自己。纳得该怎么办呢？（请给出尽可能多的办法，如果有更多的办法请依次向下写）

办法 1：_____
办法 2：_____
办法 3：_____
办法 4：_____

希哲感到在课堂上总听不懂老师所讲的，有时听懂了也不知道怎么做老师出的一些题目，他感到很焦虑。面对这种状况，希哲该怎么办呢？（请给出尽可能多的办法，如果有更多的办法请依次向下写）

办法 1：_____
办法 2：_____
办法 3：_____
办法 4：_____

衡续感到进入学校以后好朋友太少，很想改变这种情况。衡续该怎么办？（请给出尽可能多的办法，如果有更多的办法请依次向下写）

办法 1：_____
办法 2：_____
办法 3：_____
办法 4：_____

哲浩喜欢上一个异性的同学，很想与这位同学交朋友，但遭到父母的反对。哲浩该怎么办呢？（请给出尽可能多的办法，如果有更多的办法请依次向下写）

办法 1：_____
办法 2：_____

办法3：_____

办法4：_____

兹凡感到自己与同一宿舍的其他同学学习和生活习惯相差太大（例如，有的同学喜欢夜里打电话，影响自己睡觉），难以相处。兹凡该怎么办呢？（请给出尽可能多的办法，如果有更多的办法请依次向下写。）

办法1：_____

办法2：_____

办法3：_____

办法4：_____

（二）访谈法

与问卷不同，访谈是一种口头调查，研究者根据特定的研究目的，预先设计访谈提纲，然后对一个或多个儿童青少年进行提问。它的主要优点是，提问灵活，适用范围广，不受被研究对象文化程度的限制；主要缺点是，对访谈者的要求较高，效率较低，而且，对年龄较小、语言发展程度不高的儿童，访谈法的使用会受到限制。

下面是我们在考察儿童的社会创造性时使用的访谈提纲，访谈的目的是了解三至六年级小学生社会创造性的发展特点。我们在预访谈的基础上确定了这个访谈提纲，其中包括12个问题，涉及三类典型的社会生活和人际交往情境：师生交往情境、同伴交往情境、亲子交往情境，每种情境又包括发起社会交往、维持社会交往与解决冲突三种情况。其中包括9个（第1至9个）假设的故事情境与3个（第10至12个）真实的生活情境，每个情境都要求儿童回答面对这种情境会怎么办，或者当时是怎么做的，并提出尽可能多的和与众不同的问题解决方法。

儿童社会创造性访谈提纲

1. 如果老师认为你没有按照要求做作业，感到很生气，你会怎么办？为什么？怎样才能让老师不再生气？你还有其他的办法吗？请你尽可能多地说出你想到的办法，尽量说出跟别人不同的办法。

2. 假设有一天爸爸、妈妈在家都闷闷不乐，这时，你会怎么办？为什么？你怎样才能让父母高兴起来？还有其他的办法吗？请你尽可能多地说出你想到的办法，尽量说出跟别人不同的办法。

3. 假设一天晚上，你在自己家里。这时正好有一个非常好看的电视节目。你问爸爸妈妈："我可以看电视吗？"但他们说："不行，天太晚了，你必须去睡觉。"这时，你会怎么办？为什么？你怎样做才能让他们同意你看电视？你还有其他的办法吗？请你尽可能多地说出你想到的办法，尽量说出跟别人不同的办法。

4. 假设有一天，你和一位朋友在一起，他（或她）想玩一种游戏，但你想玩另一种游戏。这时，你会怎么办？为什么？你怎样才能让他们答应玩你想玩的那种游戏？你还有其他的办法吗？请你尽可能多地说出你想到的办法，尽量说出跟别人不同的办法。

5. 如果你所在的班里来了一位新老师，你会怎么做？为什么？怎样才能让老师认识你，对你有好印象？你还有其他的办法吗？请你尽可能多地说出你想到的办法，尽量说出跟别人不同的办法。

6. 如果你看到几个陌生的孩子正在欺负你的一个朋友，这时你会怎么办呢？为什么？怎样才能不让朋友受欺负呢？你还有其他的办法吗？请你尽可能多地说出你想到的办法，尽量说出跟别人不同的办法。

7. 设想你在课间休息时看到两个孩子正玩一种有趣的游戏，你很想与他们一起玩。这时，你会怎么做？为什么？如果被拒绝后你仍想让他们答应和你一起玩，你会怎么做？你还有其他的办法吗？请你尽可能多地说出你想到的办法，尽量说出跟别人不同的办法。

8. 如果你想担任班干部，但是班主任认为你不适合，你会怎么办？为什么？怎样才能让老师答应你的请求？你还有其他的办法吗？请你尽可能多地说出你想到的办法，尽量说出跟别人不同的办法。

9. 假设爸爸、妈妈答应你，如果你在期末考试中取得好成绩，在假期就带你去旅游，但是，你由于各种原因没有取得父母想要的好成绩，爸爸妈妈决定取消旅游计划。这时，你会怎么办？为什么？你怎样才能让他们答应带你去旅游？你还有其他的办法吗？请你尽可能多地说出你想到的办法，尽量说出跟别人不同的办法。

10. 在与同学或朋友交往的过程中，经常会发生一些事情，你能谈谈在你与同学或朋友交往时发生的某一件事情吗？当时你是怎么做的？为什么？你还有其他的办法吗？请你尽可能多地说出你想到的办法，尽量说出跟别人不同的办法。

11. 在与爸爸妈妈交往的过程中，经常发生一些事情，你能谈谈在你与爸爸妈妈交往时发生的某一件事情吗？当时你是怎么做的？为什么？你还有其他的办法吗？请你尽可能多地说出你想到的办法，尽量说出跟别人不同的办法。

12. 在与老师交往的过程中，经常发生一些事情，你能谈谈与老师交往时发生的某一件事情吗？当时你是怎么解决的？为什么？你还有其他的办法吗？请你尽可能多地说出你想到的办法，尽量说出跟别人不同的办法。

正式访谈之前，首先需要与被访者建立相互信任的关系。访谈者先说明自己的访谈目的，并声明访谈的基本规则和对访谈回答的处理方式，征得被访者的同意："下面有一些问题，我们希望你谈谈自己对这些问题的想法。你的回答没有对错之分，与你的成绩没有关系，也不会影响老师对你的看法，我们会为你的回答保密的。请你认真思考后说出你的真实想法，好吗？"也可以先与访谈对象进行预热性的交谈，以便消除他们的防御心理，让他们自然地回答问题。

我们的研究由经过统一培训的发展心理学专业研究生对各年级儿童进行个别访谈，并进行录音。访谈之后，将录音资料转写为文字，从中确定独创性、流畅性、变通性、好奇性、挑战性、冒险性、适当性、有效性等八个方面，让研究人员根据统一的评分标准，从这八个方面对儿童在每个问题上的反应或回答进行独立评分，最后求得平均值。为了检验评分的信度，还可以考察评分的一致性。

需要指出，在对儿童进行访谈时，需要考虑意外情况。访谈者需要与儿童建立一种相互信任的关系，根据儿童的回答进行适当的回应、追问，以深入探测儿童语言背后的意图或动机。同时，还应注意避免周围环境的干扰或不良影响。

（三）其他调查方法

在观察研究中，我们可以直接观察，也可以通过摄像机、行为观察室等先进手段，观察儿童青少年在特定的社会情境中的行为。这种方法的主要优点是，被观察者的行为比较自然、真实，能够保证研究的外部效度。自然观察法尤其如此。这种方法的主要缺点是研究者只能观察儿童青少年外部的行为（包括言语、姿势和面部表情等），不能深入地探究行为的内在机制和发生原因，难以探测儿童青少年行为背后的动机、态度、观念等。

除此之外，通过分析社会活动的产品和结果、分析与社会创造活动有关的档案资料，也可以了解儿童青少年社会创造性的基本特点及其影响因素。

需要指出的是，在过去不少测量和调查研究中，研究者倾向于严格地限定被试对每个任务的回答或反应的时间，这种做法有利有弊。其优点在于，可以比较被试在固定时间内思维的流畅性、独创性、变通性等创造性思维能力；其弊端在于，这种做法容易限制被试的自然反应，难以反映被试的实际生活或在现实生活中的行为，与实际脱节，这使得这种研究缺乏生态效度。因为在真实的生活中，人们通常不是也没有必要在固定的、较短的时间内（如在数分钟内）想出解决办法。因而，让被试在保持思维连续性的前提下，让他们在特定的时间内尽可能地提出问题或问题解决策略，或者，让他们反省和概括自身的问题解决经历，往往能更客观地探测他们的创造性。对于人们在日常生活中表现出来的社会创造性来说，尤其如此。

第二节　个体水平的、个别性的研究方法

个案研究法是个体水平的、个别性的研究方法的一种主要形式。个案研究的对象既可以是普通人，也可以是各个领域中杰出的历史名人。心理历史学方法中的个案研究（主要是心理传记学研究）实际上是运用已有的心理学理

论和研究结果分析历史人物（常常是历史上的著名人物）心理的一种方法，它是研究创造性的一种常用的方法，可以看作个案研究的一个特例。我们运用这类方法研究儿童青少年的社会创造性，主要是基于那些历史名人儿童青少年时期的生活史。

一、个案研究法

在创造性研究中，个案研究是一种十分重要的研究方法。它常常选取某一个或几个典型的创造性的人作为研究对象，广泛地搜集资料，研究个体在某个领域的创造性发展和表现的过程。这些个案的案主有的是历史上杰出的自然科学家、艺术家等，有的是生活中的具有创造性的人。例如，有研究者对七位女艺术家进行了七年的研究，探讨了艺术创造性发展的基本模式，此外，还有研究者对爱因斯坦创造性思维过程的研究以及加德纳对不同类型的杰出历史人物（弗洛伊德、爱因斯坦和丹尼尔·盖杜谢克等科学家，毕加索、艾略特、斯特拉文斯基、弗吉尼亚·伍尔夫等艺术家，政治领袖甘地）的研究。这些研究主要是以创造性认知为研究主题的，研究者把这类研究称为"认知个案研究"，以便于与那些主要考察一个人的人格和社会关系的心理传记学研究区分开来。同时，个案研究的对象常常包括好几个人物。实际上，在许多情况下，要研究一个人的创造性的时候，必须同时涉及另一个人或另几个人，例如，要研究马克思、居里夫人的创造性，分别需要涉及恩格斯、居里。也就是说，个案研究对象的数量要根据研究的需要来确定。研究历史人物的儿童青少年时期的创造性也是如此。

与群体水平的研究不同，个案研究可以深入探讨创造性人物创造活动的独特性，生动而全面地描述儿童的创造性的社会生活。同时，我们还可以通过对一系列个案的研究，揭示不同个案之间的共性，揭示儿童创造性的发展过程及其与环境之间的关系。在个案研究中，需要处理好研究者在研究过程中所扮演的角色，保证资料分析和研究的客观性。

二、心理历史学方法

心理历史学是采用特定的心理学理论或假设研究历史上的心理和行为现象的科学。20世纪以来的心理历史学研究主要是围绕心理传记、童年史或家庭史、群体心理史等主题展开的。其中，心理传记学研究与精神分析理论、人格心理学理论及历史学关系十分密切，它把创造看作一个生活故事，通过考察创造性人物的生活事件，研究他们的独特性、创造性的发挥机制和发展过程。"它从每个人独特的生命过程中获得各不相同的发现，找出能解释个人生活的理论和不能解释个人生活的理论""心理传记学也能产生理论，至少能提出研究假设"。① 马斯洛、奥尔波特、埃里克森、皮亚杰、莫瑞等著名的心理学家都曾经从分析一个人或少数几个人开始，最终形成适用于所有人的理论。相对而言，精神分析学家的这类研究影响较大。精神分析学派的创始人弗洛伊德是心理传记学的奠基人，他在1910年发表的《达·芬奇对童年的回忆》就是运用精神分析理论分析历史人物心理的先锋之作，被人们看作心理传记的典范，产生了广泛而深刻的影响。它也可以说是较早的以儿童创造性发展机制为主题的心理传记学研究。

有研究者认为，心理传记学的研究倾向于寻求具体而不是普遍的规律，试图找到一套普遍的或核心的动机、目标、策略或信念，尤其是起源于童年的"基本的"心理动力学模式，从动机、社会认知和发展的角度解释某个人的人生，并充分考虑这种解释的多样性、矛盾性和领域特殊性，因为读者希望传记学家能为某个人物的生活或行为给出一个心理学的解释观点。② 在心理传记学研究中，很多心理传记学家特别重视运用心理学的观点或理论进行叙事性的分析。运用心理传记学方法，可以研究已故的历史人物的心理特点，也可以分析目前还健在的人物的心理形成史和心理发展史。

在社会创造性研究中，心理历史学方法发挥着重要的作用。通过这种方

①② 威廉·托德·舒尔茨. 心理传记学手册 ［M］. 郑剑虹，谷传华，丁兴祥，等，译. 广州：暨南大学出版社，2011：4，4.

法，可以对历史上某个领域的创造性人物的生活进行分析，考察他们的人格、动机特点及其与社会环境之间的关系。我们曾经以已故的社会历史人物周恩来为研究对象，探讨社会创造人格的发展过程及其成因。结果表明，周恩来成年以后的人格是以他儿童青少年时期的人格为基础的，而且深深地扎根于他儿童青少年时期的生活环境。

我们可以首先对某个人或某几个人的创造性进行心理历史学研究，在此基础上提出特定的假设，然后再进行广泛的验证，形成特定的理论。许多心理学家正是通过这种方式形成了自己的理论。但是，我们也必须看到，除了具有个案研究法的一些缺点之外，心理历史学研究有其局限性，它尤其受到历史资料的准确性和丰富性的限制。在研究历史人物的儿童时期的时候，这一点表现得尤其明显。

第三节　研究方法的综合运用

显然，在儿童青少年社会创造性的研究中，每一种方法都有它的优势和劣势。因此，综合运用多种方法是必要的，对于相同的问题，我们可以尽可能地运用多种方法，取长补短，相互印证，保证研究的信度和效度。

一方面，不同层次的研究可以进行整合。个体水平的研究侧重深度分析，群体水平的研究侧重广度分析，我们可以通过个体水平的研究提出关于儿童青少年社会创造性的假设，然后放到群体水平的研究中去验证，也可以把群体水平的研究得出的一般性结论，拿到典型个案中去验证，或者通过个案研究加以深化。具体的研究方法也可以根据特定的研究需要整合。例如，研究儿童青少年的社会创造性的特点，我们可以通过访谈法，调查他们的社会创造性表现为哪些典型的行为和倾向，在此基础上编制社会创造性问卷或量表。

另一方面，我们也可以针对特定的研究主题，在不同的研究范式下运用适当的研究方法，系统地探讨同一研究主题的多个侧面。迈耶总结了创造性研究的三类研究范式：描述（描述创造性的本质）、比较（比较不同创造性水平）、关系（探讨与创造性有关的因素）；每种研究范式下，经常采用六种典型的研究方法：心理测量法、实验法、传记法、生物学方法、计算法、情境法。三类研究范式与六种研究方法相结合，可以形成十八种研究模式（见表2-1）。

表 2-1　三类研究范式下的六种研究方法

方法和范式	举例描述
心理测量法	
描述	编制测量创造性的测验
比较	比较创造性得分高的人与得分低的人
关系	确定创造性测量与其他测量之间的关系
实验法	
描述	描述创造性思维中的认知过程
比较	比较创造性思维与非创造性思维的过程
关系	确定影响或促进创造性思维的因素
传记法	
描述	对一个创造性人物的个案历史进行质的描述或量的分析
比较	对创造性人物的个案历史的共性进行质的描述和量的分析
关系	确定一个创造性人物的个案历史中促进其发展的生活事件，或者对这些生活事件进行量的分析
生物学方法	
描述	描述与创造性思维有关的生物因素
比较	比较创造性人物与非创造性人物的生物学特征
关系	确定生理损伤是如何影响创造性的
计算法	
描述	编制计算机代码模拟创造性产品
比较	比较创造性的计算机程序与非创造性的计算机程序
关系	确定程序的变化是如何影响创造性的

续表

方法和范式	举例描述
情境法	
描述	描述社会和文化情境中的创造性
比较	描述不同文化关于创造性的观念
关系	查明社会环境中能克服创造障碍的技术，查明塑造人类创造性的进化过程

资料来源：斯滕伯格. 创造力手册 [M]. 施建农，等，译. 北京：北京理工大学出版社，2005：373.

这些研究范式与研究方法同样可以应用于儿童青少年社会创造性的研究中。综合运用这些研究范式和方法，我们可以系统地考察社会创造性的不同侧面，理解儿童青少年社会创造性发展的全貌。例如，运用心理测量法，可以探讨他们社会创造的一般行为特征或人格倾向，编制社会创造性量表或测验，比较社会创造性水平不同的儿童青少年的特征，确定社会创造性与其他变量的关系；运用实验法，可以严格地探讨影响他们社会创造性的具体因素，考察社会创造的过程（包括认知过程），在比较的基础上确定其社会创造过程的特征，查明其社会创造性的影响因素；运用传记法，可以探讨历史上的儿童青少年社会创造性的基本规律，对创造性个案进行深层分析，通过比较和关系分析，找出这些个案的共性，揭示影响社会创造性发展的因素或生活事件；运用生物学方法，可以探讨儿童青少年社会创造性的生物学机制，查明与他们的社会创造性有关的、突出的生物学特征及其影响机制；运用计算法，可以探讨他们的社会创造性的微观变化机制，模拟他们的社会创造活动的微观过程；运用情境法，可以从环境角度探讨他们的社会创造性，描述和比较不同文化中的儿童青少年社会创造性的特点，查明文化、价值观等外部因素对其社会创造性的影响。

正如迈耶所指出的那样，心理测量法和实验法强调量化，主要在严格控制的环境中进行，而且实验法侧重考察单一的创造性活动，而传记法更注重以创造性人物在真实生活中的完整的生活故事为基础进行质的评价。综合运用多种研究方法和范式，既是全面揭示儿童青少年社会创造性发展规律的重要保障，也是建立综合的社会创造心理学的方法论基础。

\ 第三章 \ 社会创造性培养的实验及其启示

如何训练和培养儿童的创造性？这个问题是多年来创造性研究的热点，也是争议最多的问题之一。有人认为，创造性中的独创性决定了它不可能被训练或培养。人们不可能发明一套固定的模式或方法供学习者去学习，因为这本身就违反了创造性的本意。创造性的这一特点，也使得创造性的测量缺乏足够的信度，因为独创性的思想或行为很难重复或稳定地表现出来。与这种"不可培养论"相对，另一种观点认为，创造性是可以培养、可以训练的，通过特定的干预，创造性是可以提高的。大多数研究者都持这种观点。尽管部分干预研究并没有取得预期的效果，但是，大多数研究却支持了创造性的"可培养论"。绝大多数研究者相信，提供适当的学习条件，有助于提高和开发学生的创造性。[①] 近年来，创造性教育，包括创造性教学，已经成为世界各国教育的重要趋势和创造性研究的重要内容。

在这种时代背景下，从 2006 年开始，我们在小学儿童中尝试开展了实验研究。一方面，我们试图回答能否培养儿童的社会创造性的问题；另一方面，我们希望借此摸索出一套行之有效的促进儿童社会创造性发展的方案。事实证明，在学龄初期，通过适当的干预，可以让儿童学会以创造性的人格倾向提出和面对各种社会性问题，以创造性的认知解决问题，切实改善或增强儿童社

---

① CROPLEY A J. Fostering creativity in the classroom：general principles［M］// RUNCO M A. The creativity research handbook. New Jersey：Hampton Press，1997（1）：83-114.

会创造性倾向。

第一节　培养儿童社会创造性的实验研究

我们综合考察了人们多年来对创造性的干预研究，在此基础上，选取有代表性的普通小学作为实验学校，在三年级到六年级的儿童中开展了旨在提高儿童社会创造性的教育实验。

一、实验背景

20世纪50年代以来，人们广泛地考察了儿童创造性的发展及其影响因素。从20世纪六七十年代开始，人们借鉴企业使用的创造性训练方法，开展创造性的教育和教学，例如，托兰斯等人对大学生群体开展的创造性教学研究就是如此。[1][2]

从总体上看，国内外创造性培养的重点是培养个体的创造性认知能力，尤其是发散思维能力。所采用的方法主要有两类：一是创造性技能训练，包括属性列举、仿生类比、头脑风暴等；一是创造性教学。目前创造性教学模式包括：强调在学科教学中通过各种教学方法培养学生的认知和情意特征的威廉斯模式、强调在解决问题的过程中发展学生创造性思维的吉尔福德模式和帕尼斯模式、强调发展多元才能的泰勒模式等。[3][4]

显然，创造性思维教学是这些教学模式的核心。克罗普利回顾了20世纪50年代以来典型的创造性教学研究，发现其中绝大多数教学研究最强调培养

① 俞国良. 创造力心理学［M］. 杭州：浙江人民出版社，1996：1-42.

② NICKERSON R S. Enhancing creativity［M］//STERNBERG R J.Handbook of creativity. New York：Cambridge University Press，1999：392-430.

③ 陈龙安. 创造性思维与教学［M］. 北京：中国轻工业出版社，1999：51-82，293-311.

④ 张庆林，Robert J. Sternberg. 创造性研究手册［M］. 成都：四川教育出版社，2002：496-527.

学生的创造性认知能力（如提出想法、信息综合的能力），而极少注重动机或志向、情感和对问题解决的态度；一些研究者尽管否认以创造性思维为研究重点，但他们研究的核心仍然是创造性思维能力。这类教学提高了学生在日常生活中的创造性。①

托兰斯曾分析了 142 项有关的研究，发现其中 72% 对学生的创造力发展产生了积极影响，而在同时注重创造性认知能力与情意品质培养的研究中，这种影响尤其明显。② 克罗普利总结指出，我们需要一种能够综合考虑教与学的各个层面的创造性培养方法，这种方法应该不仅注重智力因素，还注重人格、动机、情感和创造性的社会层面。③

可以说，近年的创造性教学或训练基本上都是针对一般的创造性思维的，而针对特定领域的创造性，尤其是针对社会创造性的培养研究极少。而且，有关的研究也很少对影响创造性发展的环境因素（包括家庭和学校教学环境）进行干预。作为与艺术、科学领域的创造性相对的一种创造性，社会创造性是个体在日常的社会交往和社会活动中表现出来的创造性，是个体以新颖、独特、适当而有效的方式提出和解决社会问题的一种品质。儿童社会创造性的发展能否促进？如何促进？这些都是有待于深入探讨的问题。自 20 世纪七八十年代以来，儿童的社会技能引起研究者极大的兴趣，迅速成为最活跃的研究领域之一。④ 但是，这方面的训练研究侧重对那些特定社交任务的"技能"的练习，而不重视提高创造性地提出和解决社会性问题的能力，因而与培养儿童社会创造性的主旨是不符的。

因此，我们根据已有的研究，制订了一套综合性的社会创造性培养和干预方案，其中包括了社会创造性教学、对家庭教养方式的干预和对教师领导方式的干预三个部分，选择普通小学作为实验学校，探讨了它对小学儿童社会创造

---

① CROPLEY A J. Fostering creativity in the classroom：general principles［M］// RUNCO M A. The creativity research handbook. New Jersey：Hampton Press，1997：83-114.

②③ 张庆林，Robert J. Sternberg. 创造性研究手册［M］. 成都：四川教育出版社，2002：496-527.

④ 周宗奎. 儿童的社会技能［M］. 武汉：华中师范大学出版社，2002.

性发展的影响。

二、方法和程序

以班级为单位，分别从武汉市具有代表性的普通小学的三年级至六年级，各随机选取 2 个班，然后把各年级的 2 个班级随机分配到实验组和控制组中，为避免相互干扰，在分组时，把实验组与控制组分在两所不同的学校，两所学校均为普通小学，办学条件和教学环境基本相似。其中，实验组学生 201 名（三年级 51 名，四年级 38 名，五年级 58 名，六年级 54 名），男生共 113 名，女生共 88 名，年龄范围为 8.23～11.97 岁，平均年龄为 9.16 岁；控制组学生 152 名（三年级 22 名，四年级 42 名，五年级 50 名，六年级 38 名），男生共 83 名，女生共 69 名，年龄范围 8.63～11.43 岁，平均年龄为 9.16 岁。两组男女生人数均无显著差异。

我们分别采用小学生社会创造性倾向问卷、儿童社交焦虑量表和同伴提名的方式，测量了儿童的社会创造性水平、社交焦虑和社交地位。如前所述，小学生社会创造性倾向问卷共包括 24 个项目，每个项目后设"完全不符合""部分符合""完全符合"三个选项；包括 6 个维度，即威信或同伴影响力、问题解决特质或冲突解决能力、出众性、坚毅进取性、交往能力或社会智力、主动尽责性。这份问卷可以较好地测量和评价儿童的社会创造性水平。儿童社交焦虑量表（Social Anxiety Scale for Children）主要用于测量儿童的社交困难，它包括害怕否定评价维度、社交回避及苦恼维度。[①] 这份量表包括 10 个题目，每题后设有"从不这样""有时这样""一直这样"三个选项。这份量表具有良好的信度和效度，包括同质性信度、重测信度和效度。我们的研究也证明了这一点。同伴提名问卷主要用来测量儿童与同伴交往的情况，评价了儿童在同伴中的社交地位。在测量过程中，为每个儿童提供他们所在班级的所有同学的名单，让他们根据要求填写自己最喜欢的三位同学与最不喜欢的三位同学。为了避免提名可能带来的焦虑，要求被试只填写同学的编号。

———————————

① 汪向东，王希林，马弘. 心理卫生评定量表手册［J］. 中国心理卫生杂志，1999（13）.

　　在实验过程中，采取了实验组控制组前后测设计，设立了条件对等的两个组，也就是实验组与控制组。为了避免相互影响，两个组分别设在两所普通小学，在研究过程中，只对实验组进行干预，对控制组不实行任何干预。需要说明的是，在设立实验组和控制组时，为了避免无关变量的干扰，控制了性别、年龄以及教师和教学条件等方面的差异，力求两组条件均等。在实验之前，两组儿童的社会创造性倾向和同伴提名得分均没有明显的差异。这样较好地控制了一些可能的无关变量，通过分别比较实验组和控制组的前测和后测的结果，就可以确定干预是否有效。

　　具体地说，本实验干预或培养方案主要包括社会创造性课程教学、改善教师领导方式、改善家长家庭养育方式三大内容，这三个部分的干预工作同时开展，即在每周开展课程教学的同时，让班主任反思和改善自己的班级领导方式，以形成科学的、民主的领导方式，让家长反思和改善自己的家庭教养方式，以形成充满情感温暖和理解的民主的家庭环境。在征得教师和家长的同意和支持之后，每周向他们发放"给班主任的建议书"或"给家长的建议书"，要求他们每周按照上面的具体要求去做，然后，请他们把每周实施的情况反馈给研究者。控制组儿童每周照常进行学习和生活，不对他们进行任何干预。

　　在实验开始之前，运用上述问卷或量表分别对两组进行前测，然后对实验组进行为期九周的社会创造性教学，整个课程共包括九个单元或部分，涉及三类、九种典型的社会活动情境，也就是师生交往、同学交往、亲子交往三类交往中的发动交往、维持交往和解决冲突情境。每周在班会时间进行一次。课程教学主要采取班级和小组讨论、课后反思作业相结合的形式。在实施过程中，首先把每个班级分成6～9个小组，每个小组4～7人，由主持人（经过培训的发展心理学专业研究生）提出讨论问题或情境，由小组成员针对讨论主题进行讨论和总结，并向全班汇报讨论结果，然后由主持人与大家一起分析，评出主意最多小组、主意最新颖独特小组、主意最适当和有效小组、主意最灵活小组、主意最具冒险性小组、主意最具挑战性小组、主意最具主动性小组，尽量保证每个小组至少能获得其中一个称号。随后，主持人总结班会主题，肯定讨论的成绩，强调向现实生活中的推广和运用。最后，针对儿童在现实生活中遇到的问题，布置课后自我反思作业。九周后，运用前面提到的方式进行再次测量。

三、结果与分析

实验结果表明，实验组儿童干预后的社会创造性倾向显著地高于干预之前，而没有接受任何干预的控制组儿童则没有发生显著变化。在社交焦虑方面，也发现了明显而积极的变化。从总体上看，经过九周的干预，实验组儿童的社交焦虑倾向从总体上显著降低，没有接受干预的控制组则无显著变化，甚至焦虑程度有所升高。

类似地，实验组儿童在同伴中的社交地位也发生了积极的变化。以班级为单位，把每个被试在本班中被提名的次数进行标准化，然后把被试分成五组：受欢迎儿童、被拒绝儿童、被忽视儿童、矛盾型儿童、一般型儿童（其余儿童）。对前后两次测量中各类儿童人数的变化进行检验，结果表明：对控制组来说，在两次测量中各类儿童所占的比例均没有显著的差异；实验组在后测中受欢迎儿童的人数增加，前后差异明显。

从总体上看，在实验干预之后，实验组的小学儿童的社会创造性倾向显著增强，社交焦虑程度显著降低，而且受欢迎儿童的人数显著增加；另一方面，未接受实验干预的控制组儿童在上述各种测量上均没有明显的变化。这说明，本实验中的综合性干预和促进措施，包括采取社会创造性课程教学、改善教师领导方式、改善家庭养育方式，产生了明显的效果。

在实验过程中，对实验组进行的社会创造性课程教学涉及三类、九种典型的社会活动情境，即师生交往、同学交往、亲子交往三类交往中的发动交往、维持交往和解决冲突情境，涵盖了小学生日常生活的主要内容。通过教学，实验组儿童对自己的各种社会活动和社会关系进行了全面的讨论、反思，这有助于提高他们的社会交往意识、增强他们改进自身社交状况的愿望，有助于提高他们的社交能力和主动解决社会问题的能力，而社会创造性倾向的增强，人际关系（包括亲子关系、同伴关系、师生关系）的改善，社会互动的增加，又可以减弱儿童的社交焦虑，提高其在人际交往中的受欢迎程度。

在实验过程中，由于有效地控制或平衡了各种无关变量，避免了性别、年龄，以及教师和教学条件等因素的干扰，因而实验组后测的变化可归于实验措施的影响。可以说，实验干预收到了预期的效果。

需要特别指出的是，干预具有明显的"环境系统效应"和"个体系统效应"。在实验过程中，同时干预了社会创造性课程教学、教师领导方式、家庭教养方式三个方面，有效地改善了三种环境，即教学环境、班级互动（包括师生互动和同学互动）环境、家庭环境或亲子互动环境。布朗芬布纳伦的生态系统理论（ecological systems theory）认为，儿童的发展会受到多层环境系统的综合影响，这些环境包括微系统（指儿童与直接接触的环境之间的关系）、中系统（指直接环境之间的联系）、外系统（指间接影响儿童发展的儿童之外的社会环境）、宏系统（指文化意识形态），它们直接或间接地影响着儿童的心理发展。[1] 有研究者在考察了小学生社会创造性的发展特点之后也指出，家庭的社会经济地位、父母教养方式以及校风和班风都可能影响儿童社会创造性的发展。[2] 实验不可能对各个层次的环境都进行干预，但尽量操纵或改善了与儿童关系密切、能够产生直接而明显影响的多种生活环境；同时，在实验过程中，尤其是在教学过程中，兼顾个体创造性的认知（尤其是思维能力）、人格、动机等多个方面，避免了以往研究中偏重创造性认知能力的做法。

这种综合性的实验干预方案产生了良好的"环境系统效应"和"个体系统效应"，有效地提高了小学儿童社会创造性倾向，改善了他们的社会交往。同时，本结果还说明，正是因为社会创造性的发展受到多种因素的影响，只有从个体、环境等多个方面进行系统干预，才能更好地促进社会创造性的发展。可以说，这个社会创造性干预方案适用于小学儿童，尤其是三年级以上的儿童，可用来促进小学儿童的社会创造性的发展，改善他们的人际关系。

另一方面，也应该注意，由于实验干预的时间较短，其实验效果是否持久

---

① SHAFFER D R. Developmental psychology：childhood and adolescence［M］. 6th ed. USA：Wadsworth，2004：59-63.

② MOUCHIROUD C，LUBART T I. Social creativity：a cross-secitonal study of 6-to 11-year-old children［J］. International journal of behavioral development，2002，26（1）：60-69.

仍有待进一步观察，如果延长干预或培养的时间，可能会收到更为明显而持久的效果。这也是未来研究的一个方向。另外，这种干预方案是否适用于中学生或年龄较大的青少年，也值得进一步研究。尽管如此，上述实验研究对创造性的生活教育仍然具有重要的启示。

第二节　创造性的生活教育

　　研究社会创造性发展的规律，其根本目的在于找到促进社会创造性发展的途径或方法，为人的创造潜能的开发创造良好的教育条件。近年来，创造性成为人们熟知的一个高频词，创造教育也成为社会各界广泛关注的话题。一些教育者十分重视学科中的创造性培养，他们在语文、数学、物理、化学乃至音乐、美术等课程的教学过程中，培养学生的发散性思维能力。的确，这种创造性对学生更好地解决不同学科中的问题是十分必要的。但是，人们常常忽视了一个事实：除了在学科学习中表现出来的这种创造性之外，还有一种更为普遍同时也更为重要的创造性，那就是社会创造性。我们知道，与学科学习中的创造性不同，社会创造性是人们在社会生活或社会活动中表现出来的一种创造性，是人们以新颖、独特、适当而有效的方式提出和解决社会生活中的各种问题或任务的综合性品质。它是创造性的思维能力与创造性的人格等方面的统一体。学校在重视各学科中的创造性教育的同时，应高度重视学生社会创造性的培养和促进。创造性的生活教育是创造教育的重要内容，与心理健康教育也是相互促进的，它理应构成学校教育的重要组成部分。

一、生活需要社会创造性

　　长期以来，学科学习一直是我国学校教育的核心内容，社会创造性的培养和相应的社会生活教育问题还没有提上议事日程。有目共睹，中小学生中的打架斗殴、离家出走、网络成瘾、辍学、酗酒、吸毒、自杀等社会问题层出不穷，各种各样的心理问题，如孤独、抑郁、敌对、考试焦虑、社交焦虑等，也令人担忧。事实表明，这些问题都与他们不能创造性地生活，不能有效完成生活中的各种任务有关。他们或难以妥善地处理同学和朋友关系、师生关系、亲子关系，不能有效地解决同学和朋友冲突、师生冲突、亲子冲突，或难以有效地自我调节、管理自己的学习和生活。

让我们来看几个小故事。第一个故事是，一个小学生遭到了老师的批评，回家后，竟用菜刀将自己的手指剁下来。第二个故事与此类似，一个中学生，因为父母没有答应他与一个女孩交往的要求，跳楼自杀。第三个故事讲的是周恩来青少年时期的事。周恩来在跟随伯父到东北读书期间，曾经遭到学校中年龄较大的孩子的欺负，后来他想了一个办法，与一些同学交朋友，并与他们一起上学和放学，一起反抗那些坏孩子，结果很快摆脱了这种困境。这三个故事都与儿童和青少年社会生活中的问题有关，第一、二个故事分别涉及师生关系和亲子关系问题，反映了不能很好地解决这些问题的坏结果；第三个故事则与同学或朋友关系有关，反映了创造性地解决这类问题的好结果。从这些故事不难发现，如果能创造性地解决社会生活中遇到的难题，就可以避免不应有的悲剧或不良后果。

在日常生活中，每个人都需要面对各种生活任务，需要解决各种各样的问题，其中包括认识和调整个人的认知、情绪和行为方式，建立和维持各种人际关系，参与各种社会活动，成功地扮演各种社会角色等。所有这些任务或问题，都要求人们以积极的态度、特定的认知能力、适当而有效的行为去对待。显然，在此过程中，人们需要具备一种基本的品质——社会创造性。一个具有社会创造性的人，在面对社会生活中的各种任务或问题时，会表现出一系列有利于解决问题的人格倾向，如充满自信和对问题本身的好奇心、不怕困难、敢于冒险、主动、负责，在这些人格倾向的驱动下，能想出具有个人特点的、新颖而适当的方法，有效地解决问题、完成任务。可以说，社会创造性是人们健康生活的基本条件，也是一种最普遍的创造性。对学生来说尤其如此。

学生，尤其是中小学生，身心发展正处于向成年的过渡期。对每个学生来说，他们在成长过程中遇到的各种问题似乎十分复杂、特殊，这些问题给他们带来的烦恼似乎也相当多。在人际关系方面，他们要进行各种社会交往，会遇到亲子之间、师生之间、同学或好朋友之间的各种冲突，需要很好地协调或解决这些冲突，以建立良好的人际关系。在个人的学习和生活中，他们可能会遇到情绪管理、生活管理、学习时间管理等方面的各种难题，例如，如何更好地安排、管理学习时间以高效率地学习，如何拥有良好的生活方式或习惯，如何利用已有的条件解决学习上的难题，如何调节自己的消极情绪或心境，如何保持良好的学习动机和态度等。另外，他们还要参与课外的各种社会活动，如环境保护等。儿童和青少年必须很好地解决这些问题或成功地完成这些任务，才能高质量地学习和生活。换言之，他们需要具备基本的社会创造性。

需要指出，我们这里所讲的创造性，并不是特指历史上的伟人或领袖们表现出来的伟大的创造性，那只是一种极端的创造性。我们提倡的是一种普遍存在的创造性，是人们通常具有的一种创造潜能。近些年来，人们倾向于把创造性看作一个"连续体"，伟大的创造性通常被看作这个"连续体"的一端。这种创造性是极为罕见的，通常在特定的历史条件和个人条件下才能产生。创造性水平极低或毫无创造性的人则处于这个"连续体"的另一端，这一种情况也是较少的。大多数人则处于这个"连续体"的两端之间的某个位置上。这也就是说，创造性不是伟人们特有的天赋，每个人都可能具有某种程度的创造性或创造潜能。创造教育的目标是增强每个人的创造潜能，并将这种潜能变成现实的创造性。社会创造性亦然。一个人每天面对的社会生活环境是不断变化的，因而，他遇到的各种问题、要完成的各种任务是不同的、常新的，都需要他给出新的、适当而有效的解决方式。在此意义上，人们要进行正常的社会生活，就必须具备某种基本的社会创造性。

二、创造性的生活教育：生活中的创造教育

创造性的生活教育的实质是生活中的创造教育，或者说是基于生活问题、增进生活质量的创造教育。对儿童和青少年进行这种教育，其目的在于提高他们创造性生活的能力，促使他们形成创造性生活所必需的人格品质和心理健康状态。它立足于学生的日常生活和学习，而又服务于他们的日常生活和学习。换言之，在学校进行创造性的生活教育，就是要让学生学会生活，学会

创造性地处理生活中的问题。这与联合国教科文组织提出的"学会生存""学会学习"的教育目标是一致的。

在这里，我们会想起我国近代著名教育家陶行知的"生活教育论"。创造性的生活教育与他提出的"生活教育"有怎样的关系呢？其实，"生活教育论"的基本主张是将教育与生活一体化，将知识、技能与人格等方面的教育融于生活，在生活中渗透教育，二者不可分割，相互统一，正所谓"生活即教育"，"教育即生活"。在当时教育严重脱离实际的社会背景下，这种教育思想对教育革新发挥了重要的推动作用。这里提到的创造性生活教育则是创造教育的重要内容，它旨在培养学生解决各种社会性问题（包括个人自身的问题、人际关系问题以及与社会生活环境有关的其他问题）的能力和人格，促使他们学会创造性地完成社会生活或社会活动任务。它是在近年来创造教育已经成为一种必然趋势的时代背景下提出来的。

与在不同学科中进行的创造性教学和创造性思维训练不同，创造性的生活教育与学生的社会生活的联系更为密切。它不局限于学校内的学习活动，也不局限于某些种类的社会活动，而是渗透于学生社会生活的方方面面，贯穿于他们每天的生活，包括他们的学习、社会交往、心理调节，以及他们所参与的各类社会活动。无论是教育方法、教育内容还是教育过程，创造性的生活教育都是与学生在各种社会环境中的生活密切结合的。这也是"创造性的生活教育"命名的根本依据。

在具体的教育过程中，教师可以创设一些对学生来说非常典型的生活问题情境，也可以让学生自己总结生活中常见的问题，然后，让他们反思自己的问题解决方式，并运用发散性思维，想出多种可能的问题解决办法，从中选出解决问题的最好的办法。问题情境可以是生活中的人际交往问题，例如，与父母、老师或同学发生了冲突，怎么办？也可以是自身的学习问题，例如，学习过程中遇到了难题，自己不能解决，该怎么办？或者，怎样更好地安排学习时间，以保证较高的学习效率？还可以是与自己没有直接关系的社会问题，如学校周围的环境比较嘈杂，或污染比较严重，该怎么办？在此过程中，重要的是让学生形成积极主动的问题解决态度和人格品质。

另外，创造性的生活教育也不同于一般生活技能或社交技能的训练，后者侧重外在的行为技能的训练，创造性的生活教育则重视行为技能在日常生活中的创造性应用，强调创造性地（以新颖、独特、适当而有效的方式）解决社会生活中的各种问题或冲突，其根本目的在于让儿童学会创造性地生活，形成创造性生活所必需的能力和人格倾向。

在日常生活中，学生通常会积累一定的社会生活技能，包括社交技能，如与人交谈的技能、跟陌生人打招呼的技能、合理安排每天生活的技能等。但是，拥有这些技能，并不意味着能够创造性地解决社会生活中的各种问题。教师的作用主要在于让学生学会创造性地运用这些技能解决问题。例如，在学生遇到与同学或好朋友的人际冲突时，教师可以让学生从多个角度去想办法，并从中找出最适当、最有效的办法，妥善地解决问题，收到最佳的效果。在上面的例子中，如果教育者能让那个中学生学会运用人际沟通技能，从多个角度或者请不同的人耐心地说服父母，解除父母的后顾之忧，就完全可以避免悲剧的发生。

三、如何进行创造性的生活教育

创造性的生活教育可以说是一项系统工程。既然这种教育涉及学生各种各样的社会生活，那么，它就不可避免地要整合各个方面的教育影响，而不是只局限于学校教育。在这些教育影响中，包括家长的影响、教师的影响以及学生之间的相互影响等。我们发现，父母的教养方式、教师的领导方式、同伴关系和学生自身的社会技能都会影响到他们创造性解决问题的能力。[1][2] 如果父母给予孩子较多的理解和温暖，教师采用民主、温暖的领导方式，就能在很大程度上促进学生创造性的问题解决能力与人格的发展。同时，学生自身拥有

---

① 谷传华，张海霞，周宗奎. 小学儿童的社会创造性倾向与教师领导方式的关系 [J]. 中国临床心理学杂志，2009，17（3）：284-286.
② 谷传华，周宗奎. 小学儿童社会创造性倾向与父母养育方式的关系 [J]. 心理发展与教育，2008（2）：34-38.

良好的同伴关系和较高的社会技能，也有利于他们积累社会交往和活动经验，更好地解决社会生活中的各类问题。但是，这并不意味着在学校中很难实施这种教育。其实，学校教育者完全可以在创造性的生活教育过程中发挥关键的作用。

概括地讲，在创造性的生活教育过程中，学校的主要作用在于培养学生进行创造性生活的意识，提高他们创造性生活的能力，形成创造性生活所必需的动机和人格倾向。在某种意义上，所有这些，都需要通过系统的教育来完成，或者说，必须由学校制定系统的教育方案，有计划地实施和开展相应的教育教学，才能达到上述教育目标。

就具体的教育内容来说，学校教育者可以根据不同年龄段的儿童和青少年的特点，从他们的生活中，选取典型的社会性问题，作为教育方案的核心内容。正如前面所提到的一样，我们对小学儿童社会创造性的发展与培养问题进行了系列研究，并开展了教育实验。我们发现，如果能从学生常见的人际交往问题入手，制订严格的教学方案，每周开展相应的课堂教学，同时注意改善学生的家庭环境（如父母的教养方式）和学校环境（如教师的领导和管理方式），就可以有效地提高学生创造性地解决社会生活问题的意识和能力。①

如前所述，我们的干预或培养方案主要包括课程教学、教师领导方式的改善、家庭教养方式的改善三个部分，这三个方面的干预工作同时开展。教学内容共包括九个单元，涉及三类人际关系（即师生关系、同学关系、亲子关系）、九种典型的社会活动情境（上述三类人际关系各包括发动交往、维持交往和解决冲突三种情境）。

例如，在发动交往方面，我们设置了一个典型的问题情境："主动结识：我怎样让老师认识和了解我？"要求学生对是否发动与老师的交往以及如何进行交往的问题进行分组讨论。具体问题为："如果你所在的班里来了一位新老师，你会怎么做？为什么？怎样才能让老师认识你，对你有好印象？请你尽可能多地说出你想到的办法，尽量说出跟别人不同的办法。"（也可以就本周

---

① 谷传华. 创造系统观及其对创造教育的启示 [J]. 教育研究与实验，2005（3）：51-55.

内某个学生遇到的某件类似的事情进行讨论。)我们希望通过小组（4~7人）讨论和在课堂上汇报讨论结果，提高学生与教师交往的主动性以及解决问题的挑战意识（不怕困难和风险），提高学生进行师生交往时的发散性思维能力，使他们能从多个角度灵活地想办法，想出多种适当而有效的办法，主动建立良好的师生关系。

总之，上述课堂教学的目的在于，让学生通过群体讨论（小组和班级讨论），相互启发，学会在社会问题情境中进行创造性思维，增强他们创造性地解决各类生活问题的意识和积极性。需要指出的是，整个教育过程十分强调让学生在课后进行自我反思，强调让学生在平时的日常生活中以适当、有效、新颖、独特的思维和积极的人格倾向创造性地解决问题、完成任务。

在开展课程教学的同时，还让教师反思和改善自己的班级管理或领导方式，督促他们改变专断的或放纵的领导方式，形成有利于学生主动性和探索精神发展的民主的领导方式。另一方面，督促家长反思和改善自己的家庭教养方式，改变不良的教养态度和行为，创造充满温情而民主的家庭环境。

具体而言，改善教师的管理或领导方式，主要是促使教师形成平等的、相互尊重的师生交往氛围。对教师提出的具体要求包括：教师与学生一起制订班级工作和管理计划，做决定；尽可能鼓励儿童参加集体的活动；客观地、无偏见地表扬和批评学生；在不损害集体的情况下，乐意指导、帮助或援助个别的学生。改善家长的教养方式，主要是让父母为儿童创造良好的亲子交往氛围。对家长提出的具体要求包括：接纳孩子，喜欢孩子，并能让孩子感受到他们对孩子的爱；鼓励和支持孩子，允许孩子发展自己的长处，参与孩子的活动，希望孩子出类拔萃，在孩子取得成功时，感到高兴；允许孩子独立做事，尊重他们的观点，容忍他们有不同的见解，允许他们做自己感兴趣的事情；不过分干涉和保护孩子，不拒绝、否认孩子，不总是对孩子表现出不满、小气、挑剔、批评、粗俗无礼、大发脾气、严格限制、处处干涉等行为，不动辄辱骂、惩罚孩子；在亲子交往中，包括遇到亲子冲突时，家长能与孩子平等地讨论如何解决问题。

事实证明，这种综合考虑了多个方面的培养方案有效地提高了学生的社会创造性和受欢迎程度，缓解了他们的社交焦虑，改善了他们的人际关系，更重要的是，提高了他们创造性地解决生活问题的敏感性和主动性。

而且，社会创造性较高的学生往往学习成绩也较好。这一方面是因为他们更会利用各种学习资源和人际关系资源调整自己的学习方式，从而更好地解决学习过程中遇到的各类问题；另一方面是因为他们拥有良好的人际关系，在同伴中具有较高的地位，因而自我评价较高，更自信，也更希望保持自己在同伴中的地位，学习往往更投入。目前，许多学校非常重视学生的学习成绩，而忽视其他方面的发展，在这种背景下，教育者认识到这一点显得非常重要。

当然，不同年龄阶段的学生的创造性生活教育方案理应有所不同，因为在不同的阶段，学生的认知发展水平、人格特点和社会生活内容都是不同的。在教育教学的内容和方法、社会生活问题的设置、学校环境和家庭氛围的创设等方面，都应进行相应的调整，以求收到更好的教育效果。

显然，学校教育的作用还表现在它对家庭教育的积极影响。学校可以通过开家长会、办家长学校等方式，影响家长的教养态度和行为方式，影响学生的亲子关系和亲子互动方式，为学生创造性的发展创设有利的家庭氛围，使家长在教育方式上与学校保持高度一致。

在创造性的生活教育过程中，学校还应注意创造各种有利条件，促进学生的社会交往。我们发现，外向友善的学生社会创造性水平相对较高。[1] 显然，积极的社会交往有利于建立互助合作的人际关系，积累丰富的社会经验，因而也更容易找到解决各类生活问题的好办法。

在教育过程中，教育者常犯的一种错误是，过于强调发散性思维能力的训练，而忽视人格倾向的培养。这大大降低了创造教育的效果。事实上，即使一个人具有高度的发散性思维能力，如果没有相应的人格倾向和创造动机的激发，这种能力也只能是一种潜在的可能性，而不能成为现实的创造性。因此，人格的培养理应成为创造教育的重要内容。

---

[1] 谷传华，周宗奎，王菲. 小学儿童社会创造性倾向与人格倾向的关系［J］. 中国特殊教育，2008（3）：91-96.

培养学生的人格倾向,更重要的是让他们形成解决问题的积极倾向和行为习惯。有心理学家指出,有效地解决社会性问题,需要具有积极的问题解决倾向与良好的问题解决技能。一般说来,积极的问题解决倾向(如遇到问题时知难而上,具有充足的自信,热情地投入其中)与理性的问题解决方式有利于问题的解决,消极逃避或冲动——莽撞的问题解决方式则妨碍问题的解决。①相对而言,让学生形成积极的问题解决倾向和习惯,较之短期的思维技能训练,其效果可能更明显,更可能产生长期效应,因为这类人格倾向是相对稳定的。

除此之外,还应让儿童在生活中,特别是问题解决过程中,具有足够的心理上的自由。自由感是人们顺利地进行创造活动、提高创造性的重要条件。②这种自由感可以让人们不囿于特定的价值观,自由地进行组织和选择材料,产生大量的适应环境的反应或办法,这是进行发散性思维的基本条件。在生活中,让儿童拥有心理上的自由,需要创设一种相对宽松的环境。

概言之,在社会生活问题层出不穷、社会创造性显得日益重要的今天,开展创造性的生活教育势在必行,这于个体、群体乃至整个社会都具有十分重要的意义。教育者应当在这样一种教育理念的指导下,综合考虑儿童和青少年所处的年龄阶段和社会生活环境,制订系统可行的教育方案,如此,方能收到预期的教育效果。

四、社会创造性的培养: 基于特质与状态之分

如前所述,创造性,包括社会创造性,可以同时以状态与特质两种形式存在。显然,将创造性区分为状态与特质的做法,有利于全面地把握创造性的本

---

① D'ZURILLA T J, NEZU A M, MAYDEU-OLIVARES A. Social problem solving: theory and assessment. [M] // CHANG E C, D'ZURILLA T J, SANNA L J.Social problem solving: theory, research, and training. Washington: American Psychological Association, 2004: 11-27.

② Ng AIK KWANG. 解放亚洲学生的创造力 [M]. 李朝辉, 译, 北京: 中国轻工业出版社, 2005: 17.

质。创造性既可能是某种稳定的、内隐的人格特质，也可能在特定情境下表现为某种不那么稳定的状态。这不仅对创造性的测量和评价具有重要的意义，而且对创造性的培养具有重要的启示。事实上，人们常常更看重这种一时的创造性状态，而不是长期存在的创造性特质。这对于创造性的测评和培养都是不利的。在社会创造性领域亦然。

（一）区分状态与特质对创造教育的启示

社会创造性有特质与状态之分的启示首先在于，在培养儿童社会创造性的过程中，应该兼顾稳定的创造性特质的塑造与情境性的创造性状态的激发两个方面。其中，在创造性的特质上，创造性的人格、认知方式和能力等品质的培养尤为重要。这意味着，在培养社会创造性的过程中，教育者和研究者既要看到儿童在特定的社会问题情境中的创造性发挥或表现，及时予以肯定和鼓励，又要注重他们在生活中一贯的社会创造性倾向，培养他们面对各种问题的勇气和好奇心、解决问题的主动性，以及高度的挑战性、冒险性等人格品质，培养其乐于表达独立见解的习惯和解决社会性问题的能力。相对而言，后者显得更为重要，它代表了一种稳定的创造性潜能，而创造性状态或状态性的社会创造性通常是这种潜能在特定的情境下的展露。

20 世纪 80 年代以来，创造性促进研究成为创造性研究的重要内容，而这类研究又以创造性训练为主。陈龙安概括指出，总体上，创造性训练的方式可以分为两类：一为提供一系列中长期的训练课程，一为实施一两个简单课程的短期活动。其效果各不相同，虽然训练的有效率在 70% 以上，但仍有很多训练收效甚微，甚至毫无效果。[①] 究其原因，很可能是这些训练着重于创造性状态的激发，而不是创造性特质的培养。在这种情况下，训练很难收到预期的效果，尤其是长期的效果。

相应地，在教育评价过程中，也应从特质与状态两个方面对儿童的社会创造性进行客观的考量。一方面，教育者应考虑儿童是否在同伴关系、亲子关系、师生关系等社会性问题情境中表现出了某种程度的社会创造性；另一方

---

① 陈龙安. 创造性思维与教学［M］. 北京：中国轻工业出版社，1999.

面，还应考虑到儿童是否形成了创造性的人格倾向，是否具备了创造性的认知方式和解决社会性问题的技能。在儿童社会创造性的培养研究中，如果儿童在特定的问题情境中展示了较高的社会创造性，那也可能是一时的，只是反映了干预或培养方案的短期效应，在其他不同的时段或情境下这种效应可能是不同的。如果儿童形成了稳定的创造性人格和能力品质，那么，这种稳定的特质就可能产生持久的效果。因此，从特质与状态两个层面进行综合考虑，才能更全面地评价儿童的社会创造性水平，更切实地评价创造性教育或干预的效果。

从教育环境的培育来看，在培养儿童社会创造性的过程中，教育者应力求从家庭、学校和社会等多个层面创设有利的氛围，以促进儿童创造性人格的成长，并尽可能地借助于日常生活中的问题激发其社会创造性。事实表明，在培养儿童社会创造性的过程中，如果能综合干预儿童的家庭教养方式（改善家庭中的亲子互动环境）、教师领导方式（改善学校中的师生互动和同学互动环境），并对儿童进行系统的社会性问题解决训练（进行专门的课程教学），使之将习得的技能和创造性的思维方式推广应用于日常的社会生活中，儿童的创造性人格倾向和问题解决能力就会不断增强，其总体的社会创造性水平也会不断提高，从而使干预产生某种"环境系统效应"。①

布朗芬布伦纳等人的发展生态系统论认为，儿童的发展会受到多层环境系统的综合影响，这些系统直接或间接地影响着儿童的心理发展，多种环境相互作用，共同促成了儿童心理的发展。对儿童的社会创造性而言，也是如此。②有研究者考察了学龄初期儿童的社会创造性的发展特点，指出家庭的社会经济地位、父母教养方式，以及校风和班风都可能影响儿童社会创造性的发展。③

① 谷传华. 小学儿童社会创造性倾向培养的实验研究［J］. 教育研究与实验，2007（5）：67-70.
② 布朗芬布伦纳，莫里斯. 人类发展的生物生态学模型［M］// 戴蒙，勒纳. 儿童心理学手册：第1卷. 6版. 上海：华东师范大学出版社，2009.
③ MOUCHIROUD C，LUBART T I. Social creativity：a cross-secitonal study of 6-to 11-year-old children［J］. International journal of behavioral development，2002，26（1）：60-69.

发挥多种环境的"合力效应",有意识地运用各种具体的问题情境激发儿童的创造性状态,有目的地在日常生活中塑造儿童的创造性特质,才能更好地促进儿童社会创造性的发展,而创造性特质的发展是其社会创造性发展的基本内涵。

就形成过程来看,状态创造性可以在短时间内充分地发挥和表现出来,但是,特质创造性却不是在短期内形成的,而是需要一个长期的发展过程,是上述多种环境因素与个体因素长期作用的结果,而且它一旦形成,在短期内是难以改变的。所有这些,都不是一朝一夕能够形成的,尤其不是短期的、简单的训练(如短期的创造技法训练)所能促成的。短期简单的训练即使能够在特定时段内提高创造性,这种创造性也不太可能是特质创造性,而更可能是状态创造性。事实证明,创设有利于创造性发展的文化和环境氛围,对于社会创造性的发展尤其是特质创造性的培养尤为重要。

(二)创设注重创造性特质的文化氛围:来自跨文化研究的启示

在心理学意义上,文化可以理解为某个群体(国家、民族、地区等)共有的风俗、认知、价值观、行为规则,以及人们所使用的各类符号系统。近年来,心理学家开展了一系列东西方文化之间的创造性对比研究,这些研究涉及一般的创造性思维和人格以及艺术创造性、科学创造性等多个方面或领域。关于社会创造性的中美跨文化研究表明,虽然两国儿童的状态创造性各有优劣,如中国儿童在问题情境中表现出来的流畅性和变通性弱于美国儿童,适用性、有效性强于美国儿童,但是,从一般的创造性表现上来看,美国儿童更可能拥有独立的创造性人格特质。这很可能与中西文化价值观和教育方式的差异有关。[①]

在中西文化中,人们在关于创造性观念、创造过程、创造性的形式和领域、创造性的培养方式和发展环境等方面都有着显著的差异。[②] 相对而言,西

---

① 谷传华,张冬静.儿童社会创造性的跨文化研究[C].北京:华人心理学家学术研讨会年会论文集,2013.

② LUBART T I. Creativity across cultures [M]//STERNBERG R J.Handbook of creativity. New York:Cambridge University Press,1999:339-350.

方文化更重视个体的创造性表现或产品，把它看作衡量个体价值的基本标准，而东方文化特别是中国文化更注重个体之于社会的适应能力，强调集体而不是个体的价值；在西方文化传统中，更强调科学实验和问题解决过程，而中国文化传统更强调直觉、灵感和顿悟对创造的作用；在教育观念和管理体制上，中国传统教育更强调教师的权威和学生对教师的尊重，强调学生的合作、妥协、自我控制和对规范的遵从，而西方的学校更注重培养学生的自主性、独立性、好奇心，以及广泛的兴趣和丰富的想象力，重视学生的探索精神和创新能力，鼓励学生大胆质疑、独立思考和自由地表达。在社会创造性方面亦然。在面对社会生活中的问题（如社交冲突）时，中国的儿童倾向于把自己放在集体中去考虑问题，做出人际关系导向的反应，如采用协商和顺从、求情、条件交换等策略解决问题，以维持良好的人际关系。与此不同，西方儿童更看重个人的自主、独立、权利和尊严，更可能做出个人导向的反应，如采用平等协商和说服的方法解决问题，强调自己的权利和感受。①

如前所述，特质创造性代表了一种基本的创造潜能，状态创造性则是个体在特定情境中的不稳定的表现或反应，因而，培养和增强儿童的特质创造性显得尤为重要。我们应借鉴西方文化中的某些有利于创造性发展的做法，改革我国目前的教育体制，创设鼓励创新的氛围，为儿童特质创造性的发展提供良好的环境条件。简单地说，为了促进儿童特质创造性的发展，应尽可能改革我国传统的教育方式，鼓励学生独立而自由的表达、自主的学习和探索。尤其是儿童在生活中遇到各种问题时，教师和父母应鼓励他们主动地面对和解决问题，不怕失败和困难，以找到新颖、独特、适当而有效的问题解决答案。一方面，教育者应力求创设一种宽松的、支持性的氛围，及时地肯定儿童发现各种新颖的社会性问题的行为、不怕困难主动地解决富有挑战性的问题的行为、大胆质疑和自主探索的行为、自由表达思想或观点的行为，培养他们发现和解决各类问题的意识和自信，培养他们挑战性和冒险性等人格特质。另一方面，教

---

① KIM K H. Exploring the interactions between Asian culture (Confucianism) and creativity [J]. Journal of creative behavior，2007(41)：1.

育者也应为儿童提供足够的解决社会性问题、参与各种社会活动的机会，进行必要的课程教学，以增强儿童解决问题的意识和能力。这样，才能更好地培养儿童的特质创造性，让儿童的创造活动有充足的后劲。

显然，教育者既要对儿童在特定情境中表现出的社会创造性给予鼓励，又要注重培养作为创造性状态之基础的创造性特质。换言之，教育者应兼顾状态创造性的培养与特质创造性的培养，而特质创造性的培养应作为创造教育的重中之重。创造教育或训练应以稳定的创造性人格、认知方式和能力等创造性特质的培养为基本目标，而不应满足于一时的创造性表现，这样才能从根本上提高儿童的创造性。形成有利于创造性尤其是特质创造性发展的环境氛围，对个体、单位乃至国家和民族的发展都具有重要意义。

\ 第四章 \ 社会创造性的培养方案

　　从本质上看，创造性的培养是一项综合性的教育工程，社会创造性的培养也不例外。教育者在设计社会创造性的培养方案时，通常需要基于某种指导思想，确定特定的教育目标，进而设计相应的教学课程和干预活动。创造性的培养需要以特定的创造观为基础。20 世纪 80 年代后，试图全面地理解创造性和创造活动的系统观逐渐兴起，它们对儿童创造性的培养产生了深远的影响。下面，我们首先讨论培养儿童社会创造性的指导思想，然后讨论我们在培养儿童社会创造性上进行的实际探索，特别是我们制订的社会创造性的系统培养方案，包括课程教学方案和相关的干预方案。

第一节　创造系统论：制定培养方案的指导思想

　　创造观是人们对创造力和创造活动的本质及创造的影响因素和运行机制的认识，活动者尤其是教育者的创造观直接关系到创造活动和创造教育的结果。进入 20 世纪 50 年代，创造性逐渐成为心理学研究的热点；20 世纪 70

年代后，创造性思维的培养开始提到一些发达国家的教育议程上来。①但是，就人们的创造观而言，至今仍然存在着争议，这必然会影响创造教育的实践。创造系统观是我们培养儿童社会创造性的基本指导思想。下面，我们将简要回顾人类创造观的发展进程，并在此基础上讨论现代创造系统观对创造教育包括社会创造性教育的启示。

一、创造系统观的演进

从总的发展趋势来看，人们对创造和创造性的理解经历了一个从单维到多维、从宏观到微观、由浅入深、由表及里不断系统化的演进过程。

（一）早期对创造和创造性的理解：创造的神秘观和天赋观

早期（尤其是 20 世纪以前）的创造性理论有两个特点。一是强调创造性的天赋性，如在古希腊时期，一些哲学家曾认为创造是由神启示的，而非人的意志决定的。1869 年，英国心理学家高尔顿出版了《遗传的天才》，认为天才人物的创造性主要来自先天的遗传素质。二是强调创造的罕见性或特殊性，认为只有那些有重大发现或发明，被世人广泛承认的少数天才才具有创造性，而忽视乃至否认创造或创造性的普遍性。随着社会的进步和开发人类潜能要求的提高，这种将创造性神秘化和特殊化的倾向逐渐为"平民化"和"一般化"的创造观所代替。

（二）近代对创造性的理解：单维创造观

近代学者继承了早期的某些观点，仍然将历史和现实中的非凡创造性作为创造性研究的主要对象，并将创造性看作某种单维的潜能或品质。概括而言，这一时期人们对创造性的理解表现为以下两个特点。

一是人们对创造性的理解开始深化。一些学者强调了创造性的人格或个性特征在创造过程中的首要作用，甚至认为创造性就是人格力量自然表现的结果，如精神分析学家弗洛伊德就认为创造性是性本能升华的产物，创造就是

---

① 林崇德. 学习与发展：中小学生心理能力发展与培养［M］. 北京：北京师范大学出版社，1999：250-265.

无意识的欲望以某种"可接受的方式"表达和升华的过程。20世纪30年代后，人们又从创造性的认知结构和思维方法的角度理解创造性。例如，格式塔学派认为，创造是个体对各种环境要素进行知觉重组和顿悟的过程，创造性实际上是一种知觉完形或顿悟的能力。

二是人们在创造性的讨论和研究中潜在地认可了创造性的普遍性。例如，弗洛伊德的创造性理论实际上包含了这样一层意义，即创造性是人人具备的，因为性本能人人皆有，性本能升华的可能性也人人皆有。

从总体上看，这一时期，创造活动的产品的非凡性或重大的社会价值仍然被当作创造性评价的主要标准。而且，无论是静态的理解，还是动态的探讨，人们对创造性的理解仍然具有单维性，或者把创造性看作一种认知或知觉能力，或者把它看作一种人格品质或潜能。这种传统思维方式一直延续到现代。例如，认知心理学家侧重理解创造性思维的心理表征和心理过程，人本主义心理学家强调人格完善和自我实现的动力作用。

（三）现代对创造性的理解：系统化倾向

20世纪50年代以后，创造性认知过程和人格特征成为创造性研究的两个重要方面，研究者逐渐认识到人格与思维之间的紧密联系。20世纪80年代后，人们的创造观进入一个崭新的阶段，新的创造性理论不断涌现，系统化倾向也不断增强。概括而言，这种系统化倾向主要反映在以下两个方面。

一方面，人们逐渐认识到创造性的系统性。我们知道，系统是指由某些基本要素和结构构成的一个具有整合性、动态性、层次性的整体。当人们把创造性看作一个系统的时候，他们就开始从人的整体出发探讨创造性，不仅考察创造性个体的人格特征，还考察其思维活动特点；不仅考察创造性个体自身的各种特征，还兼顾促进创造性发展和展现的环境特征。同时，人们还继承和发展了前人从产品和过程两个角度考察创造性的思路，不仅研究创造性的静态结构，还研究创造性展现的心理机制。

另一方面，创造性的大众化和多元化日渐为人们认可，创造性的存在状态呈现出系统化特点。这一时期，创造性不再被看作少数人的专利，而被认为不同程度地存在于每个人的身上，表现在各种活动领域中。创造性是人人共有的一种潜能，只有显现与未显现、现实化与未现实化的区别，而没有本质上的区别。人们通常把创造分为类创造和真创造两类，前者是对个人而言新颖的、前所未有的创造，而后者是对人类而言新颖的、前所未有的创造。人人皆有可能进行类创造。

斯滕伯格等人曾概括出六种创造性研究模式：神秘主义模式、实用主义模式、心理动力学模式、心理测量学模式、认知模式和社会性-人格模式，它们分别代表了神秘主义的创造观以及从认知或人格维度探讨创造性的"单维创造观"。[①] 不同研究范式之间的争论十分激烈，如持社会性-人格研究模式的学者与认知心理学家长期以来一直相互贬斥和攻击。这种争论最终导致了现代创造观的形成。20 世纪 80 年代后陆续出现的一些创造理论开始注重创造性和创造活动的系统性。这些理论包括格鲁伯等人 20 世纪 80 年代初提出的融动机、知识和情感于一体的"发展的进化-系统模型"，奇凯岑特米哈伊于 20 世纪 80 年代末提出的强调个体、专业和领域三者交互作用的创造性系统模型，斯滕伯格于 1988 年提出的创造性三维模型理论，斯滕伯格和卢伯特于 1993 年提出的创造性投资理论等，其中创造性三维模型理论和创造性投资理论最有代表性。另外，加德纳于 20 世纪 80 年代初提出的多元智能理论也从一个侧面反映了创造性的本来面貌。

二、创造系统观的内涵及启示

创造系统观不仅对我们理解创造活动和创造性具有重要的启示，而且对各类创造性（包括社会创造性）的培养具有重要的启发意义。

（一）创造系统观的内涵

创造系统观主要表现在两个方面，一是创造性的系统构成观，二是创造性的系统运行观。

---

① STERNBERG R J，LUBART T I. The concept of creativity：prospects and paradigms［M］//STERNBERG R J. Handbook of creativity. New York：Cambridge University Press，1999：33-15.

1. 创造性的系统构成观

许多研究者都发现创造性具有系统性，创造性测验测量的创造性思维并不能涵盖创造性的本质。艾森克指出，创造性理论应两条腿走路，要兼顾创造性思维和创造性的人格特征，在理想状态下它还应该包括创造性的生物学基础，而理论家常常强调一个方面而忽视其他方面。[①] 创造性三维模型理论进一步指出，创造性由三个维度构成，它们是智力维度、智力方式（即认知风格）维度和人格维度。智力维度是创造性的基本方面。它包括与个体内部心理过程相联系的内部关联型智力、与已有知识经验相联系的经验关联型智力、与外界环境相联系的外部关联型智力。智力方式维度是指个体如何运用自己的智力资源，或者说是个体运用自身的智力资源的倾向和风格。人格维度包括个体是否能忍耐问题情景的模糊性，是否具有解决问题的坚强意志力和较强的求知欲，是否敢于打破常规，是否甘冒被他人消极评价的风险，等等。这些人格特征制约着个体的智力资源能否被有效地开发。因此，创造性不再是某种单一的智力品质或人格品质，而成为三个维度相互联系的整体，各个维度都有其独特的、不可或缺的作用。这种观点虽然需要进一步研究证实，但它深刻地刻画了创造性结构的系统性。

2. 创造性的系统运行观

创造性的系统运行观实际上是把创造活动的过程看作一个系统，旨在揭示其运行机制的系统性。阿马比尔从社会心理学的角度出发，认为创造性成就的产生需要有较高的智力水平、坚强的毅力、强烈的动机、特殊领域（如音乐、绘画、言语或数学）的才能，还需要具备适当的活动背景和教学、社会的支持及其他因素。[②] 艾森克将个体所具有的特质创造性（trait creativity）与系统的创造性区分开来，认为创造性成就不是单一的特质创造性（主要是发散性思维品质）促成的，而是由认知变量（智力、知识、操作技能、特殊才能）、环

---

① EYSENCK H J. Creativity and personality [M] // RUNCO M A. The creativity research handbook. New Jersey: Hampton Press, 1997: 41-66.

② AMABILE T M. The social psychology of creativity [M]. New York: Springer-Verlag, 1983.

境变量（政治宗教因素、文化因素、社会经济和教育因素）与人格变量（内部动机、自信、非依从性、特质创造性）共同促成的。在深入研究的基础上，奇凯岑特米哈伊提出了创造性系统模型，认为创造性的产生涉及个体、专业和领域三个方面，具有特定认知特点、人格倾向、知识背景的个体必须从其从事的专业中获得相应的知识和规则，同时个体在所属专业中的创造必须为相应的领域所认可和接受，能融汇到专业结构中去。[1] 这种观点强调了专业背景在个体创造中的作用及个体与"同行"或领域的交互作用。近年来，中国一些学者也开始注意到创造的系统性，例如，施建农等人提出的创造性函数模型认为，创造活动是在特定的社会环境中，具有特定智力水平的个体在人格的动力作用下，将智力资源合理地投入到特定作业中去的过程。[2] 在概括相关研究基础上，张庆林等人提出，创造性是内系统（由创造性个体的动机、价值观、智力品质、认知风格和人格特质等构成）与外系统（由创造性个体的生活背景、文化背景和社会背景构成）的统一。[3]

　　在有关创造性运行机制的各种观点中，创造性投资理论最有代表性。它将影响创造性发挥的主要因素分为六种：智力、知识、认知风格、人格特征、动机和环境。其中，智力因素影响一个人对问题情景的理解、解释，也影响到一个人如何选择和选择什么样的问题解决策略。知识因素是一个人所具有的与创造活动有关的经验和知识背景，为个体的创造性活动提供领域性的经验基础，它可以促进或阻碍创造活动的进行。认知风格是一个人运用智力资源的倾向性，它包括立法式认知风格（喜欢创立新的规则、解决有挑战性的新问题的认知风格）、执行式认知风格（喜欢以现成的规则解决问题的认知风格）和司法式认知风格（喜欢判断、分析和批判地看待事物，喜欢对规则和程序进

---

[1] CSIKSZENTMIHALYI M. Implications of a systems perspective for the study of creativity [M] // STERNBERG R J. Handbook of creativity. New York：Cambridge University Press，1999：313-338.

[2] 施建农，徐凡 . 超常儿童的创造力及其与智力的关系[J]. 心理科学，1997，20（5）：468-468.

[3] 张庆林，Robert J. Sternberg. 创造性研究手册［M］. 成都：四川教育出版社，2002：3-39.

行评价，以检验自己和别人的行为）。不同风格的人解决问题的倾向不同。人格特征包括对模糊性的容忍力、冒险性、毅力或坚持性、成长的愿望和自尊。良好的动机品质是创造的驱动力。环境构成创造性发展和展现的氛围，对创造性的发挥可能具有促进或抑制作用。创造性就是上述六种资源合理投入的产物或收益，是它们的"合力"。诸因素的结合或凝聚方式决定了创造性的程度。该理论阐述了创造和创造性的动力机制，试图揭示影响创造活动和创造性发挥的因素，以及这些因素的运作方式，进一步拓展了创造性的系统构成论，形成了创造性的系统运行论。

最近，亨尼西和阿马比尔在总结多年来创造性研究的基础上指出，未来的研究应深入探讨创造性过程、促进创造性的先行因素以及阻碍创造性的因素；虽然创造性研究在理论和方法上更为复杂精细，但是，这些研究由于分得过细而显得视野狭窄，因此，将来的研究需要多学科的参与，即进行跨学科的研究，而这类研究应立足于一种创造性的系统观。① 根据这种系统观，创造性是多种相互作用的因素（包括个体因素和环境因素）在多个层次（神经生理层，情感、认知和训练层，个体和人格层，群体层，社会环境层，文化和社会系统层）上运作的结果，其中，系统的每个层次都构成一个相对独立的子系统，上述的多个层次从小到大，从内到外，从低到高，从个体到群体再到社会，构成了一个完整的创造性运行系统（图4-1）。显然，这种观点进一步深化和拓展了上述理论。

可以说，创造系统观是当代创造理论的基本精神。它认为，创造是多种因素，包括创造者的知识结构、认知特征、人格倾向、环境或情境因素等，共同影响的活动，相应地，创造性也是多种因素力的"合力"，而人格力和认知力是其中的核心成分。创造性的系统构成观主要阐明了创造性的系统性，将创造性看作进行创造活动必备的系统性品质；创造性的系统运行观则揭示了这种系统性品质的动态过程和机制，它强调个体与环境之间的互动。前者认为，

---

① HENNESSEY B A，AMABILE T M. Creativity［M］// FISKE S T. Annual review of psychology. CA：Palo Alto，Annual reviews，2010，61：569-598.

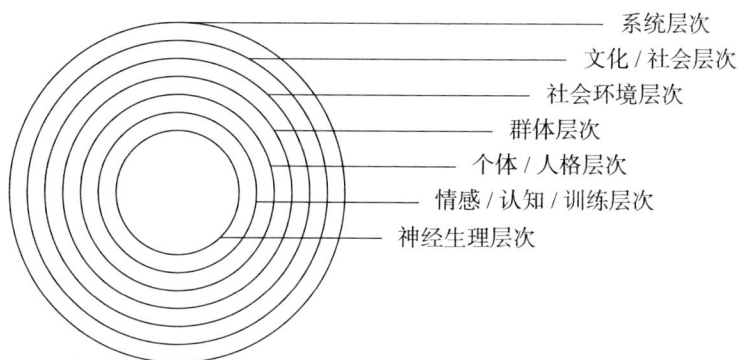

图 4-1　多层次的创造性系统

系统层次
文化 / 社会层次
社会环境层次
群体层次
个体 / 人格层次
情感 / 认知 / 训练层次
神经生理层次

HENNESSEY B A，AMABILE T M. Creativity［M］// FISKE S T. Annual review of psychology. CA：Palo Alto，Annual reviews，2010，61：569-598.

创造性具有多个层次，其中认知的创造性包括认知材料的创造性、认知过程的创造性和认知风格的创造性，人格的创造性包括气质的创造性、性格的创造性、能力的创造性等。后者则认为，一种具体的创造活动往往包含着多种宏观和微观的动态过程，其中环境布设了创造气氛，个体在特定情景中产生创造的动机，进行创造性的认知活动，乃至产生创造性的产品。至于环境，又包括个体所意识到的与创造活动直接相关的专业环境、个体所在的家庭环境、创造活动开展的具体环境或工作环境，乃至宏观的社会环境氛围。

（二）创造系统观对创造教育的启示

创造系统观提示创造教育是一种"系统化"的教育。费尔德曼甚至认为，要充分地分析创造性的发展，就必须同时考虑个体的认知过程、社会 / 情感过程、家庭环境、受教育状况、所属专业和领域特征、社会文化环境、历史环境等多个侧面。① 创造教育的这种"系统性"主要体现在以下几个方面。

1. 创造性的培养是多向度的，不应局限于某一个方面

在创造活动和创造教育过程中，人们常常偏重创造性思维而轻创造性人格，而且，许多教育者还倾向于从活动产品或结果，而不是从个体对刺激的反

---

① FELDMAN D H. The development of creativity［M］//STERNBERG R J. Handbook of creativity. New York：Cambridge University Press，1999：169-188.

应方式（如以不同的方式呈现事物、表达意图）评价活动过程，判断创造性是否存在。如前所述，单维创造观认为创造性是单维的或单向度的。在创造教育过程中，它导致的直接后果是，教育者只关注创造性的某一个或几个侧面，或者把创造性等同于创造性思维（甚至是发散性思维），或者把创造性等同于创造性人格。相应地，创造活动则常常被看作创造性思维过程。因此，在具体教育活动中，许多持"思维决定论"的教育者极为注重创造性思维的教学和强化训练，而忽视了创造性人格的作用。例如，克罗普利总结了许多著名的创造性促进和培养方案，发现它们大部分集中于创造性的认知方面（如思想的激发、信息成分的整合等），而很少注意人格品质的培养。① 虽然具体的创造性思维能力的训练具有较强的可操作性，但我们不应该忘记，创造性思维过程与人格特征相联系。大量研究表明，人格深刻地影响着思维的独创性、深刻性、灵活性和批判性。② 只强调创造性思维过程的训练，显然缩小了创造教育的范围。

从创造性的系统运行观来看，创造是多种因素综合"投资"的过程，它注重创造的多向度特征。这种观点认为，创造教育是融智力创造性、认知风格（智力方式）创造性、人格创造性于一体的综合性教育。没有创造性的人格倾向，就难以形成稳定的创造性思维品质。只有在创造人格的参与、支持或发动下，创造性才能成为一种恒定的品质，儿童也才能成为一个稳定的创造性个体。

2. 创造教育应鼓励创造性的多元表现，创设创造性发展的多元环境

创造性的表现是具体的、多元的。可以说，在任何一个活动领域中，都存在着各种各样的问题情境，而在任何一个问题解决情境中也都存在着创造性解决问题的潜能或能力。

---

① CROPLEY A J. Fostering creativity in the classroom：gneneral principles［M］//RUNCO M A. The creativity research handbook. New Jersey：Hampton Press，1997：83-114.

② 林崇德. 学习与发展：中小学生学习能力发展与培养［M］. 北京：北京师范大学出版社，1999：432-446.

　　加德纳的多元智能理论认为，存在语言智能、数理逻辑能力、身体运动智能、空间智能、音乐智能、自我认识智能、人际关系智能等多种常见的智能。①个体可能在某一个或多个领域中表现出优越的智能或特殊才能。该理论从一个侧面反映了创造性的多元性和领域性。它说明，创造性并不是一种抽象的品质和能力，而是表现在具体生活或活动当中，与真实的生活或活动密切结合的。

　　坚持多元创造观是创造教育的基本原则。它意味着，教育者不应忽视儿童在各个领域表现的创造性或表现创造性的可能性。大量研究表明，儿童可以在多个领域表现出创造能力，而不是在不同的活动领域表现出某种统一的创造性；而且跨领域的发散思维能力也不能预测所有领域的创造成绩。②

　　在创造教育中，多元创造观主要表现在两个方面：一是儿童创造潜能的领域性或多元化，儿童有可能在某一个或某几个领域发展出优势性的创造性；二是儿童创造性的现实表现形式的领域性或多元化，学习活动和教育者专设的创造活动（如艺术活动、小发明小制作）只是众多领域中的几种主要创造情景。多元化的创造教育主要体现在以下几个方面。

　　（1）儿童创造性评价标准的多元化。发散性思维能力常常被当作评价创造性的一般指标，许多教育者甚至采用发散性思维测验选拔超常儿童。但是，随着研究的深入，这种做法逐渐被舍弃。显然，教育者应使用多维测评方法评价儿童在不同领域表现的创造性。因不同领域的特点和要求不同，教育者不能将一个领域的创造性评价标准简单地移植到其他领域，更不能使用统一的或跨领域的标准评价儿童在不同活动中所表现的创造性。

　　（2）创造性的培养方法的多元化。在一个领域内可行的创造性培养方法在另一领域可能收效甚微。虽然我们在多个学科的教育、教学中坚持一般性的创造教育原则（如开放性、支持性原则），但因各种活动或学科自身特点不同，问题解决特点不同，客观上需要与之相应的创造性培养方法。例如，在数

---

① 霍华德·加德纳.多元智能［M］.沈致隆，译.北京：新华出版社，1999：14-30.
② 张文新，谷传华.创造力发展心理学［M］.合肥：安徽教育出版社，2004：110-142.

学领域，培养抽象性思维和发散性思维极为重要，而在文学活动领域，创造性想象能力和丰富的生活经验非常重要。个别化的、分领域的教学应更有利于培养儿童的创造性。

需要指出的是，高创造性的个体往往具有多个领域的知识，专业领域以外的知识常能帮助他们创造性地解决专业问题。知识结构的综合化对儿童创造性发展十分重要。近年来，国外越来越多的教育者注意到学科分化的负面影响，开始倡导综合课程，这对于丰富儿童跨领域的知识，改善其知识结构具有重要意义。

（3）多元化的教育环境的创设。研究表明，高创造性儿童往往具有支持性的环境：在家庭，父母往往保护、激发和鼓励他们的好奇心和探索兴趣；在学校，教师能给予他们充分的表达自己的自由，为他们创设开放性的环境；周围的社会环境也能为他们提供各种创造的机会。① 儿童创造性赖以展现和发展的环境是多重的，而且是相互联系的。创设整体性的、促进创造性发展的环境，包括创造性的家庭环境、学校环境和社会环境，是儿童生活环境系统性、多样性的要求。

3. 创造教育应强调产品和过程、个人与社会的统一

创造系统观强调静态的创造产品与动态的创造过程的统一、个人与社会的统一。在创造教育活动中，许多教育者往往看不到这种统一性，这主要表现为以下几种情况。

（1）重视创造结果，而相对忽视创造过程的复杂性以及创造性的长期发展过程，尤其是创造性人格的"累积"发展过程，忽视创造性产品赖以产生的众多心理条件。

（2）偏重"真创造"，忽视"类创造"。在教育实践中，一些教育者往往注重那种产生出前所未有的创造产品的创造性，忽视了创造性的普遍存在性和创造的普遍可能性，因而对儿童在日常生活情景中普遍表现的创造性视而不

---

① FELDMAN D H. The development of creativity［M］//STERNBERG R J. Handbook of creativity.New York：Cambridge University Press，1999：169-188.

见。这必然会导致教育者偏重创造的超常性和特殊性,且将普遍存在的创造性与杰出的创造性割裂开来。

（3）注重创造的功利性,而忽视创造的生存价值。追根溯源,儿童创造活动的实质是创造性地解决生存和生活环境中存在的各种问题,以最佳化的方式适应环境和自我适应的过程。在此意义上,创造是个体生命力的普遍展现,生存价值是创造和创造性的基本价值。因此,仅从活动后果来衡量创造性,极易陷入功利主义的教育观。

相反,创造系统观则同时强调创造的个人意义与社会意义、产品价值与过程价值。一方面,它认为创造是由个人因素和社会因素共同促成的,创造产品往往同时具有个人价值和社会价值;在日常生活中,创造构成个体维持其社会生存的必要条件。另一方面,创造的价值不仅表现在产品或结果上,而且表现于创造活动本身。强调创造活动本身的价值,有利于激发儿童的内在创造动机。

总之,创造系统观是创造教育(包括社会创造性教育)的基本指导思想。它从整体性的人和环境出发,揭示了创造和创造性的本质。它使人们摆脱了神秘创造观和单维创造观的束缚,开始从系统论的角度审视人的创造活动和创造性,考察影响创造性的各种因素及其作用机制。它揭示了创造和创造性的整体性、层次性和生态性等特点,对于探讨人的潜在创造性现实化的途径具有重要的启示。不容否认,它既是一种创造观,又是一种教育观,对指导当前的创造教育,包括社会创造性教育或创造性的生活教育,具有至关重要的意义。创造和创造性的系统性决定了创造教育是一种系统化的教育。

第二节　儿童社会创造性的培养方案

在创造系统观的指导下,我们以教育实验为基础探索出一套培养儿童社会创造性的方案。这套方案是结合学龄初期儿童的实际情况编制出来的。它主要用于培养小学生(三年级以上)社会创造性的思维能力与人格倾向,包括学校课程教学的干预、教师管理方式的干预及家长(父母)教养方式的干预三个部分,三者同时进行。学校课程共包括九个单元,分别涉及同伴交往情境、师生交往情境、亲子交往情境三类情境,其中每种生活情境又包括三种不同性质的子情境,即发动交往情境、维持交往情境与解决冲突情境。课程教学以儿童生活中常见的社会性问题为核心,主要采取班级讨论与小组活动的形式进行,协同开展教师的管理方式、家长教养方式的干预,每周向教师和家长发放教师干预反馈表和家长干预反馈表,并按时回收,以检查他们对教育建议和措施的执行情况,以确保干预的效果。

虽然"始生之物,其形必丑",但是,该方案培养儿童分析和反省自身生活的意识和能力、创造性地提出和解决生活中的各种问题的意识和能力,对培养他们的创造性人格特征,具有重要的作用;而且,它对于融合学校与家庭、整合课堂与生活、建立协调的创造教育,也具有一定的参考价值。事实也充分证明了这一点。需要注意的是,这套方案主要是针对小学阶段的儿童开发出来的,它是否适用于中学生或青少年群体有待进一步的研究。在具体的教育过程中,教育者应根据实际情况(包括儿童自身的特点以及学校、家庭环境的特点)进行灵活的调整。为了保持方案的完整性,我们在下面列出了每个单元的具体环节,包括本单元的教育目标、课程活动主题、时间安排、组织和准备、课程的主要内容、活动程序、教师改善管理方式的建议、家长改善管理方式的建议,最后还列出了教师干预反馈表和家长干预反馈表。下面是各个单元的具体内容和实施步骤。

单元一 主动参与:我可以参加你们的活动吗

(一)教育目标

提高小学儿童的社会创造性,增强他们的思维能力,增强他们提出和解决各种社会问题的能力。

(1)通过小组(4~7人)讨论、班级汇报和班级讨论,提高学生参与同伴交往活动的主动性。

(2)提高学生解决同学或朋友间的社会问题的思维能力,引导他们从多个角度灵活地想办法,尤其是引导他们在遭到拒绝的情况下,想出多种适当而有效的办法主动参加同伴的活动。

（二）课程活动主题

主动参与：我可以参加你们的活动吗？（研究者事先不指明主题，只呈现问题，总结时再点明主题）

（三）时间安排

可以在班会时间或其他合适的时间开展，大约需要 50 分钟。

（四）培养方案（课程部分）的组织和准备

学校课程主要在学校的班会时间开展，与学校的思想品德教育相结合。课程以小组讨论为主要形式，辅以教师总结、引导和反馈。教师在引导和组织课程的过程中要体现师生平等、相互尊重的民主型管理观念和行为方式。具体准备工作如下：

（1）在尊重学生意愿的基础上将班级分成 6～9 个小组，每个小组成员轮流当组长，负责组织小组的讨论、总结小组讨论结果和组织班级汇报，小组长的担任次序由小组讨论决定；在分出小组后，可以让小组成员自我介绍，先进行一个"我是谁"的游戏，每个人介绍一下自己的外表、兴趣、才能、家庭、喜欢的人等，让大家相互熟悉。

（2）研究者明确班会讨论的主题，让各个小组讨论班会的开展形式，然后，可由研究者确定班会的开展形式，也可让班级选出班会主持人，在研究者的指导下，最后共同总结、确定讨论的形式。可以让每个组的成员轮流演故事，向全班学生呈现问题情境。

（3）每个单元的课程都包括以下步骤：提出问题；小组讨论；小组总结；班级汇报，即班级报告小组讨论结果；教师或班会主持人与大家一起评选出主意最多小组、主意最新颖小组、主意最有效小组、主意最灵活小组、主意最具冒险性小组、主意最具挑战性小组、主意最具主动性小组；研究者总结反馈，肯定成绩，结合班会主题布置由个人完成的课后自我反思作业（反思和总结自己在日常生活中提出和解决社会问题的方式、方法、可以采用的方法，以及最佳处理方法）；研究者总结、反馈。

（4）根据班会主题布置教室，保证小组的每个成员参与讨论和活动。

（5）教师创造平等、轻松、愉快、相互尊重的气氛，尤其要注意保证那些平时比较害羞、容易焦虑、发言较少、参加集体活动较少的学生积极参与。

（五）课程内容

学生围绕是否参与以及如何参与同伴交往的问题进行分组讨论。问题情境为：设想你在课间休息时看到两个孩子正玩一种有趣的游戏，你很想与他们一起玩，这时，你会怎么做？请你尽可能多地说出你想到的办法，尽量说出跟别人不同的办法。

（六）活动程序

1. 研究者提出问题（10分钟左右）

可以这样引出问题："当我们想与同伴在一起的时候可能会遭到拒绝，遇到这种情况我们该怎么办呢？每个人可能有不同的想法，也会采取不同的办法。今天，我们就要讨论这样一个问题。"通过角色扮演引出问题（不点明主题，让学生自己决定怎么做；应事先确定由哪个小组扮演）。由其中一个组的成员扮演问题情境中的各个角色，包括"我"（可用具体的名字代替，如华华）、"我"的两个同学或朋友。故事内容："我"的同学或朋友正在做一种有趣的游戏（如打牌），"我"走过去，对他们的游戏表现出浓厚的兴趣，这时，"我"该怎么做呢？

问题情境呈现完毕后，研究者提出问题："如果你是华华，这时你会怎么办呢？你能想出哪些办法？请确定最好的解决办法。"

2. 小组讨论（20分钟左右）

在小组长主持和组织下，小组成员讨论问题，每个人都要发表意见，并由专人记录组员的解决办法。

3. 小组总结（与小组讨论同时进行）

小组长总结小组意见。

总结格式：

会怎样做？

能想出哪些办法？

_____

_____

_____

最好的办法是：_____

4. 班级汇报（10 分钟左右）

由小组长向全班报告小组讨论的结果。

5. 评价（10 分钟左右，与总结反馈、布置作业同时进行）

研究者与大家一起评出主意最多小组、主意最新颖小组、主意最有效小组、主意最灵活小组、主意最具冒险性小组、主意最具挑战性小组、主意最具主动性小组。

6. 研究者总结反馈

研究者总结班会主题，肯定讨论的成绩，强调要将所学方法向现实生活推广。例如："今天，每个小组都畅所欲言，大家讨论很热烈，思想很活跃，想出了各种各样的办法或主意。在我们的现实生活中，如果我们遇到这类问题，也应该主动想办法，寻找最恰当、最有效的办法，与我们的同学或朋友一起活动，友好相处。"

7. 课后自我反思作业

结合班会主题，布置由个人完成的课后自我反思作业，反思和总结自己在与同学或朋友交往中遇到的相似问题、解决的方法，以及可以采用的方法和最佳处理方法。例如："回忆你在与同学或朋友的交往中遇到的一件相似的事情。当时你是怎样做的？你能想出多少种办法处理这件事？如果是现在，你会怎样做？最好的处理办法是怎样的？"由小组长检查作业是否完成，并向班主任报告。

作业格式：

在与同学或朋友交往的过程中，我遇到的类似事情是这样的：_____

_____

_____

_____

我当时是这样做的：_____

_____

我能够采取的办法包括：_____

_____

如果是现在，我会这样做：_____

_____

（七）教师改善管理方式的建议

教师管理方式的改善主要是指在师生交往中形成平等的、相互尊重的氛围，其目的是为学生创设良好的班级和学校环境。

1. 在平时的管理中，教师做到：

（1）与学生集体一起制订班级工作和管理计划，做出决定；

（2）尽可能鼓励学生参与集体的活动；

（3）客观地、无偏见地表扬和批评学生；

（4）乐意指导、帮助个别学生。

2. 教师在班会讨论中体现民主的管理方式

例如，先让学生讨论怎样开展活动、怎样完成老师布置的任务，然后教师与学生一起制订活动计划。

（八）家长改善管理方式的建议

家长教养方式的改善主要是指，在家庭中家长为儿童创造良好的亲子交往氛围。

（1）接纳孩子，喜欢孩子，并能让孩子感受到爱。

（2）鼓励和支持孩子，允许孩子发展自己的长处，参与孩子的活动，希望孩子出类拔萃，在孩子取得成功时，感到高兴。

（3）允许孩子独立做事，尊重孩子观点，允许孩子有不同的见解，允许孩子做自己感兴趣的事情。

（4）不过分干涉和保护孩子，不拒绝、否认孩子，不总是对孩子表现出不满、挑剔、批评，不粗俗无礼、大发脾气、严格限制、处处干涉，不动辄辱骂、惩罚孩子。

（5）在亲子交往中，包括遇到亲子冲突时，能与孩子平等地讨论如何解决问题。

单元二　维持友谊：我怎样帮助我的同学或朋友

（一）教育目标

提高小学儿童的社会创造性，增强他们的思维能力，增强他们提出和解决各种社会问题的能力。

（1）通过小组（4～7人）讨论、班级汇报和班级讨论，提高学生帮助同伴、维持友谊关系的主动性。

（2）提高学生解决同学或朋友间的社会问题的思维能力，引导他们从多个角度灵活地想办法，主动帮助同学或朋友，维持与他们的社会交往。

（二）课程活动主题

维持友谊：我怎样帮助我的同学或朋友？（研究者事先不指明主题，只呈现问题，总结时再点明主题）

（三）时间安排

可以在班会时间或合适的时间开展，大约需要50分钟。

（四）培养方案（课程部分）的组织和准备

同单元一。

（五）课程内容

学生围绕是否帮助以及如何帮助同学或朋友、维持同学友谊进行分组讨论。讨论问题为：如果你看到几个陌生的孩子正在欺负你的一个朋友，这时你会怎么办呢？为什么？怎样才能不让朋友受欺负呢？请你尽可能多地说出你想到的办法，尽量说出跟别人不同的办法。

（六）活动程序

1.研究者提出问题（10分钟左右）

可以这样引出问题："当我们想与同伴在一起的时候可能会遭到拒绝，遇到这种情况我们该怎么办呢？每个人可能有不同的想法，也会采取不同的办法。今天，我们就要讨论这样一个问题。"通过角色扮演引出问题（不点明主题，让学生自己决定怎么做；应事先确定由哪个小组扮演）。由其中一个组的成员扮演问题情境中的各个角色，包括"我"（可用具体的名字代替，如华华）、"我"的同学或朋友（可用具体的名字代替，如明明）、几个陌生的欺负人的孩子。故事内容："我"正在和同学或朋友做某件事情（如做游戏、去某个地方），这时，几个孩子通过言语讥笑、身体推搡等方式，欺负"我"的同学或朋友，"我"在旁边看到了发生的一切，"我"该怎么做呢？

问题情境呈现完毕，研究者提出问题："如果你是华华，这时你会怎么办呢？你能想出哪些办法？请确定最好的解决办法。"

2. 小组讨论（20分钟左右）

在小组长主持和组织下，小组成员讨论问题，每个人都要发表意见，并由专人记录组员的解决办法。

3. 小组总结（与小组讨论同时进行）

小组长总结小组意见。

总结格式：

会怎样做？

_____

_____

能想出哪些办法？

_____

_____

_____

最好的办法是：_____

4. 班级汇报（10分钟左右）

由小组长向全班报告小组讨论的结果。

5. 评价（10分钟左右，与总结反馈、布置作业同时进行）

研究者与大家一起评出主意最多小组、主意最新颖小组、主意最有效小组、主意最灵活小组、主意最具冒险性小组、主意最具挑战性小组、主意最具主动性小组。

6. 研究者总结反馈

研究者总结班会主题，肯定讨论的成绩，强调要将所学方法向现实生活推广。例如："今天，每个小组都畅所欲言，大家讨论很热烈，思想很活跃，想出了各种各样的办法或主意。在我们的现实生活中，如果我们遇到这类问题，也应该主动想办法，寻找最恰当、最有效的办法，与我们的同学或朋友一起活动，友好相处。"

7. 课后自我反思作业

结合班会主题，布置由个人完成的课后自我反思作业，反思和总结自己在与同学或朋友交往中遇到的相似问题、解决的方法以及可以采用的方法和最佳处理方法。例如："回忆你在与同学或朋友的交往中遇到的一件相似的事情。当时你是怎样做的？你能想出多少种办法处理这件事？如果是现在，你会怎样做？最好的处理办法是怎样的？"由小组长检查作业是否完成，并向班主任报告。

作业格式：

在与同学或朋友交往的过程中，我遇到的类似事情是这样的：＿＿＿＿＿
＿＿＿＿＿＿＿＿＿＿＿＿＿＿＿＿＿＿＿＿＿＿＿＿＿＿＿＿＿＿＿＿＿
＿＿＿＿＿＿＿＿＿＿＿＿＿＿＿＿＿＿＿＿＿＿＿＿＿＿＿＿＿＿＿＿＿

我当时是这样做的：＿＿＿＿＿＿＿＿＿＿＿＿＿＿＿＿＿＿＿＿＿＿＿
＿＿＿＿＿＿＿＿＿＿＿＿＿＿＿＿＿＿＿＿＿＿＿＿＿＿＿＿＿＿＿＿＿

我能够采取的办法包括：＿＿＿＿＿＿＿＿＿＿＿＿＿＿＿＿＿＿＿＿＿
＿＿＿＿＿＿＿＿＿＿＿＿＿＿＿＿＿＿＿＿＿＿＿＿＿＿＿＿＿＿＿＿＿

如果是现在，我会这样做：＿＿＿＿＿＿＿＿＿＿＿＿＿＿＿＿＿＿＿＿＿

（七）教师管理方式的改善

同单元一。

（八）家长管理方式的改善

同单元一。

单元三　解决冲突：我怎样与朋友协调冲突

（一）教育目标

提高小学儿童的社会创造性，增强他们的思维能力，增强他们提出和解决各种社会问题的能力。

（1）通过小组（4～7人）讨论、班级汇报和班级讨论，提高学生解决与朋友之间的冲突的主动性。

（2）提高学生解决社会问题的思维能力，引导他们从多个角度灵活地想办法，主动解决自己与同伴或朋友之间的冲突。

（二）课程活动主题

解决冲突：我怎样与朋友协调冲突？（研究者事先不指明主题，只呈现问题，总结时再点明主题）

（三）时间安排

可以在班会时间或其他合适的时间开展，大约需要50分钟。

（四）培养方案（课程部分）的组织和准备

同单元一。

（五）课程内容

学生围绕是否解决与朋友之间的冲突以及如何解决或协调冲突的问题进行分组讨论。问题情境为：假设有一天，你和一位朋友在一起，他（或她）想玩一种游戏，但你想玩另一种游戏。这时，你会怎么办？为什么？请你尽可能多地说出你想到的办法，尽量说出跟别人不同的办法。

（六）活动程序

1. 研究者提出要讨论的问题（10分钟左右）

可以这样引出问题："当我们想与同伴在一起玩的时候可能会遭到拒绝，遇到这种情况我们该怎么办呢？每个人可能有不同的想法，也会采取不同的办法。今天，我们就要讨论这样一个问题。"通过角色扮演引出问题（不点明主题，让学生自己决定怎么做；应事先确定由哪个小组扮演）。由其中一个组的成员扮演问题情境中的各个角色，包括"我"（可用具体的名字代替，如华华）、"我"的一位同学或朋友（可用具体的名字代替，如明明），故事内容：
"我"与"我"的同学或朋友在一起，他（或她）想玩一种游戏（如打牌），但
"我"想进行另一种活动（如下棋），这时，"我"该怎么做呢？

问题情境呈现完毕后，研究者提出问题："如果你是华华，这时你会怎么
办呢？你能想出哪些办法？请确定最好的解决办法。"

2. 小组讨论（20 分钟左右）

在小组长主持和组织下，小组成员讨论问题，每个人都要发表意见，并由
专人记录组员的解决办法。

3. 小组总结（与小组讨论同时进行）

小组长总结小组意见。

总结格式：

会怎样做？

_____

_____

能想出哪些办法？

_____

_____

_____

最好的办法是：_____

4. 班级汇报（10 分钟左右）

由小组长向全班报告小组讨论的结果。

5. 评价（10 分钟左右，与总结反馈、布置作业同时进行）

研究者与大家一起评出主意最多小组、主意最新颖小组、主意最有效小
组、主意最灵活小组、主意最具冒险性小组、主意最具挑战性小组、主意最具
主动性小组。

6. 研究者总结反馈

研究者总结班会主题，肯定讨论的成绩，强调要将所学方法向现实生活推
广。例如："今天，每个小组都畅所欲言，大家讨论很热烈，思想很活跃，想

出了各种各样的办法或主意。在我们的现实生活中，如果我们遇到这类问题，也应该主动想办法，寻找最恰当、最有效的办法，与我们的同学或朋友一起活动，友好相处。"

7. 课后自我反思作业

结合班会主题，布置由个人完成的课后自我反思作业，反思和总结自己在与同学或朋友交往中遇到的相似问题、解决的方法以及可以采用的方法和最佳处理方法。例如："回忆你在与同学或朋友的交往中遇到的一件相似的事情。当时你是怎样做的？你能想出多少种办法处理这件事？如果是现在，你会怎样做？最好的处理办法是怎样的？"由小组长检查作业是否完成，并向班主任报告。

作业格式：

在与同学或朋友交往的过程中，我遇到的类似事情是这样的：_____
_____
_____
_____

我当时是这样做的：_____
_____

我能够采取的办法包括：_____
_____

如果是现在，我会这样做：_____
_____

（七）教师管理方式的改善
同单元一。

（八）家长管理方式的改善
同单元一。

单元四　帮助家长：我怎样为家庭做贡献

（一）教育目标
提高小学儿童的社会创造性，增强他们的思维能力，增强他们提出和解决各种社会问题的能力。

（1）通过小组（4～7人）讨论、班级汇报和讨论，提高学生帮助家长，与家长建立良好关系的主动性。

（2）提高学生解决亲子间的社会问题的思维能力，引导他们从多个角度灵活地想办法，主动建立良好的亲子关系。

（二）课程活动主题

帮助家长：我怎样为家庭做贡献？（研究者事先不指明主题，只呈现问题，总结时再点明主题）

（三）时间安排

可以在学校开班会时间或其他合适的时间开展，大约需要50分钟。

（四）培养方案（课程部分）的组织和准备

同单元一。

（五）课程内容

学生围绕是否帮助及如何帮助父母消除消极情绪进行分组讨论。问题情境为：假设有一天爸爸、妈妈在家都闷闷不乐，这时，你会怎么办？为什么？你怎样才能让父母高兴起来？请你尽可能多地说出你想到的办法，尽量说出跟别人不同的办法。

（六）活动程序

1. 研究者提出问题（10分钟左右）

可以这样引出问题情境："我们与家长在一起的时候，会发生各种各样的事情，比如，和他们聊天，讨论家庭生活安排。我们也会遇到一些不如意的事情，这时，我们每个人可能都有不同的想法，也会采取不同的办法。今天，我们就要讨论这样一个问题。"通过角色扮演引出问题（不点明主题，让学生自己决定怎么做；应事先确定由哪个小组扮演）。由其中一个组的成员扮演问题情境中的各个角色，包括"我"（可用具体的名字代替，如华华）、"我"的家长（爸爸、妈妈或其他家长）。故事内容："我"与"我"的家长在一起，家长好像心事重重，闷闷不乐，这时，"我"该怎么做呢？

问题情境呈现完毕后，研究者提出问题："如果你是华华，这时你会怎么办呢？在你确定怎么办之后，你能想出哪些办法？请确定最好的解决办法。"

2. 小组讨论（20分钟左右）

在小组长主持和组织下，小组成员讨论问题，每个人都要发表意见，并由专人记录组员的解决办法。

3. 小组总结（与小组讨论同时进行）

小组长总结小组意见。

总结格式：

会怎样做？

_____

_____

能想出哪些办法？

_____

_____

_____

最好的办法是：_____

4. 班级汇报（10分钟左右）

由小组长向全班报告小组讨论的结果。

5. 评价（10分钟左右，与总结反馈、布置作业同时进行）

研究者与大家一起评出主意最多小组、主意最新颖小组、主意最有效小组、主意最灵活小组、主意最具冒险性小组、主意最具挑战性小组、主意最具主动性小组。

6. 研究者总结反馈

研究者总结班会主题，肯定讨论的成绩，强调要将所学方法向现实生活推广。例如："今天，每个小组都畅所欲言，大家讨论很热烈，思想很活跃，想出了各种各样的办法或主意。在我们的现实生活中，如果我们遇到这类问题，也应该主动想办法，想出最恰当、最有效、最好的办法，帮助家长高兴起来，为家庭做出自己的贡献。"

7. 课后自我反思作业

结合班会主题，布置由个人完成的课后自我反思作业，反思和总结自己在亲子交往中遇到的相似问题、解决的方法以及可以采用的方法和最佳处理方法。例如："回忆你在与家长的交往中遇到的一件相似的事情，说一说当时你是怎样做的。你能想出多少种办法帮助你的家长处理这件事？如果是现在，你会怎样做？最好的处理办法是怎样的？"由小组长检查作业是否完成，并向班主任报告。

作业格式：

在与家长交往的过程中，我遇到的类似事情是这样的：_____

_____

_____

_____

我当时是这样做的：_____

_____

我能够采取的办法包括：_____

_____

如果是现在，我会这样做：_____

_____

（七）教师管理方式的改善

同单元一。

（八）家长管理方式的改善

同单元一。

单元五 维护亲子关系：我怎样与家长和谐相处

（一）教育目标

提高小学儿童的社会创造性，增强他们的思维能力，增强他们提出和解决各种社会问题的能力。

（1）通过小组（4～7人）讨论、班级汇报和讨论，提高学生与家长协调，与家长保持和谐关系的主动性。

（2）提高学生解决亲子间的社会问题的思维能力，引导他们从多个角度灵活地想办法，主动维持良好的亲子关系。

（二）课程活动主题

维护亲子关系：我怎样与家长保持和谐的关系？（研究者事先不指明主题，只呈现问题，总结时再点明主题）

（三）时间安排

可以在班会时间或其他合适的时间开展，大约需要50分钟。

（四）培养方案（课程部分）的组织和准备

同单元一。

（五）课程内容

学生围绕是否及如何与父母保持和谐的关系进行分组讨论。问题情境为："假设爸爸、妈妈答应你，如果你在期末考试中取得好成绩，假期就带你去旅游，但是，你由于各种原因没有取得好成绩，爸爸妈妈决定取消旅游计划。这时，你会怎么办？你怎样才能让他们答应带你去旅游？请你尽可能多地说出你想到的办法，尽量说出跟别人不同的办法。

（六）活动程序

1. 研究者提出问题（10分钟左右）

可以这样引出问题情境："我们与家长在一起的时候，会发生各种各样的事情，比如，和他们聊天，讨论家庭生活安排。我们也会遇到一些不如意的事情，这时，我们每个人可能都有不同的想法，也会采取不同的办法。今天，我们就要讨论这样一个问题。"通过角色扮演引出问题（不点明主题，让学生自己决定怎么做；应事先确定由哪个小组扮演）。由其中一个组的成员扮演问题情境中的各个角色，包括"我"（可用具体的名字代替，如华华）、"我"的家长（爸爸、妈妈或其他家长），故事内容："我"与"我"的家长在一起，"我"在期末考试中没有取得好成绩，情绪低沉，因为家长答应"我"，如果"我"在期末考试中取得好成绩，就带我去旅游，但是，现在"我"却没有取得他们想要的好成绩，他们决定取消旅游计划。这时，"我"会怎么做呢？

问题情境呈现完毕后，研究者提出问题："如果你是华华，这时你会怎么办呢？在你确定怎么办之后，你能想出哪些办法？请确定最好的解决办法。"

2. 小组讨论（20分钟左右）

在小组长主持和组织下，小组成员讨论问题，每个人都要发表意见，并由专人记录组员的解决办法。

3. 小组总结（与小组讨论同时进行）

小组长总结小组意见。

总结格式：

会怎样做？

_____

_____

能想出哪些办法？

_____

_____

_____

最好的办法是：_____

4. 班级汇报（10分钟左右）

由小组长向全班报告小组讨论的结果。

5. 评价（10分钟左右，与总结反馈、布置作业同时进行）

研究者与大家一起评出主意最多小组、主意最新颖小组、主意最有效小组、主意最灵活小组、主意最具冒险性小组、主意最具挑战性小组、主意最具主动性小组。

6. 研究者总结反馈

研究者总结班会主题，肯定讨论的成绩，强调向现实生活的推广和运用。例如："今天，每个小组都畅所欲言，大家讨论很热烈，思想很活跃，想出了各种各样的办法或主意。在我们的现实生活中，如果我们遇到这类问题，也应该主动想办法，想出最恰当、最有效的办法，与家长进行协调，维护好家庭关系。"

7. 课后自我反思作业

同单元四。

（七）教师管理方式的改善

同单元一。

（八）家长管理方式的改善

同单元一。

<h2 style="text-align:center">单元六　解决亲子冲突：我怎样与家长"谈判"</h2>

（一）教育目标

提高小学儿童的社会创造性，增强他们的思维能力，增强他们提出和解决各种社会问题的能力。

（1）通过小组（4～7人）讨论、班级汇报和班级讨论，提高学生解决亲子冲突的主动性。

（2）提高学生解决亲子间的冲突的思维能力，引导他们从多个角度灵活地想办法，主动解决亲子之间的冲突。

（二）课程活动主题

解决亲子冲突：我怎样与家长谈判？（研究者事先不指明主题，只呈现问题，总结时再点明主题）

（三）时间安排

可以在班会时间或其他合适的时间开展，大约需要50分钟。

（四）培养方案（课程部分）的组织和准备

同单元一。

（五）课程内容

学生围绕是否解决及如何解决或协调与家长之间的冲突进行分组讨论。问题情境为：假设一天晚上，你在自己家里，这时正好有一个非常好看的电视节目。你想看电视，但家长说："不行，太晚了，你必须去睡觉。"这时，你会怎么办？你怎样做才能让他们同意你看电视？请你尽可能多地说出你想到的办法，尽量说出跟别人不同的办法。

（六）活动程序

1. 研究者提出问题（10分钟左右）

可以这样引出问题情境："我们与家长在一起的时候，会发生各种各样的事情，比如，和他们聊天，讨论家庭生活安排。我们也会遇到一些不如意的事情，这时，我们每个人可能都有不同的想法，也会采取不同的办法。今天，我们就要讨论这样一个问题。"通过角色扮演引出问题（不点明主题，让学生自己决定怎么做；应事先确定由哪个小组扮演）。由其中一个组的成员扮演问题情境中的各个角色，包括"我"（可用具体的名字代替，如华华）、"我"的家长（爸爸、妈妈或其他家长）。故事内容："我"在家里，与家长在一起，这时，正好有一个非常好看的电视节目；"我"很想看这个电视节目，但时间已经很晚了，他们说："不行，太晚了，你必须去睡觉。"这时，"我"会怎么做呢？

问题情境呈现完毕后，研究者提出问题："如果你是华华，这时你会怎么办呢？你能想出哪些办法？请确定最好的解决办法。"

2. 小组讨论（20分钟左右）

在小组长主持和组织下，小组成员讨论问题，每个人都要发表意见，并由专人记录组员的解决办法。

3. 小组总结（与小组讨论同时进行）

小组长总结小组意见。

总结格式：

会怎样做？

_____

_____

能想出哪些办法？

_____

_____

最好的办法是：_____

4. 班级汇报（10分钟左右）

由小组长向全班报告小组讨论的结果。

5.评价（10分钟左右，与总结反馈、布置作业同时进行）

研究者与大家一起评出主意最多小组、主意最新颖小组、主意最有效小组、主意最灵活小组、主意最具冒险性小组、主意最具挑战性小组、主意最具主动性小组。

6.研究者总结反馈

研究者总结班会主题，肯定讨论的成绩，强调向现实生活的推广和运用。例如："今天，每个小组都畅所欲言，大家讨论很热烈，思想很活跃，想出了各种各样的办法或主意。在我们的现实生活中，如果我们遇到这类问题，也应该主动想办法，想出最恰当、最有效的办法，与家长进行谈判，更好地解决家庭中的矛盾或冲突。"

7.课后自我反思作业

同单元四。

（七）教师管理方式的改善

同单元一。

（八）家长管理方式的改善

同单元一。

单元七　发动师生交往：我怎样让老师认识和了解我

（一）教育目标

提高小学儿童的社会创造性，增强他们的思维能力，增强他们提出和解决各种社会问题的能力。

（1）通过小组（4～7人）讨论、班级汇报和班级讨论，提高学生与教师交往的主动性。

（2）提高学生主动建立师生关系时的思维能力，引导他们从多个角度灵活地想办法，主动建立良好的师生关系。

（二）课程活动主题

主动结识：我怎样让老师认识和了解我？（研究者事先不指明主题，只呈现问题，总结时再点明主题）

（三）时间安排

可以在班会时间或其他合适的时间开展，大约需要 50 分钟。

（四）培养方案（课程部分）的组织和准备

同单元一。

（五）课程内容

学生围绕是否发动与老师的交往以及如何与老师进行交往进行分组讨论。问题情境为：如果你所在的班里来了一位新老师，你会怎么做？怎样才能让老师认识你，对你有好印象？请你尽可能多地说出你想到的办法，尽量说出跟别人不同的办法。

（六）活动程序

1. 研究者提出问题（10 分钟左右）

可以这样引出问题："在学校，我们与老师之间会发生各种各样的事情，比如，与他们聊天，讨论问题，向他们请教学习上的难题。我们与老师由不认识到认识、由不熟悉到熟悉。当我们第一次见到老师的时候，或班里来了一个新老师的时候，我们每个人可能都有不同的想法，在与老师交往时也会有不同的办法。今天，我们就要讨论这样一个问题。"通过角色扮演引出问题，角色扮演活动不提出如何主动结识老师、让老师认识和了解自己等问题，让学生自己决定如何对待和处理（应事先确定由哪个小组扮演以及扮演方式）。由其中一个组的成员扮演问题情境中的各个角色，包括"我"（可用具体的名字代替，如华华）、班里新来的老师，故事内容包括：新老师来到班里，自我介绍自己是新来的老师，这时，"我"会怎么做呢？

问题情境呈现完毕后，研究者提出问题："如果你是华华，这时你会怎么办呢？在你确定怎么做之后，你能想出哪些办法？请确定最好的解决办法。"

2. 小组讨论（20 分钟左右）

在小组长主持和组织下，小组成员讨论问题，每个人都要发表意见，并由专人记录组员的解决办法。

3. 小组总结（与小组讨论同时进行）

小组长总结小组意见。

总结格式：

会怎样做？

_____

_____

能想出哪些办法？

_____

_____

_____

最好的办法是：_____

4. 班级汇报（10 分钟左右）

由小组长向全班报告小组讨论的结果。

5. 评价（10 分钟左右，与总结反馈、布置作业环节同时进行）

同单元一。

6. 研究者总结反馈

研究者总结班会主题，肯定讨论的成绩，强调要将所学方法向现实生活推广。例如："今天，每个小组都畅所欲言，大家讨论很热烈，思想很活跃，想出了各种各样的办法或主意。在我们的现实生活中，如果我们遇到这类问题，也应该主动想办法，想出最恰当、最有效的办法，主动结识新老师，建立更好的师生关系。"

7. 课后自我反思作业

结合班会主题，布置由个人完成的课后自我反思作业，反思和总结自己在师生交往中遇到的相似问题，解决的方法以及可以采用的方法和最佳处理方法。例如，"回忆你在与老师的交往中遇到的一件相似的事情，说一说当时你是怎样做的。你能想出多少种办法处理这件事？如果是现在，你会怎样做？最好的处理办法是怎样的？"由小组长检查作业是否完成，并向班主任报告。

作业格式：

在与老师交往的过程中，我遇到的类似事情是这样的：_____

_____

　　我当时是这样做的：_____

_____

　　我能够采取的办法包括：_____

_____

　　如果是现在，我会这样做：_____

_____

（七）教师管理方式的改善

同单元一。

（八）家长管理方式的改善

同单元一。

单元八　维持师生交往：我怎样与老师和谐相处

（一）教育目标

提高小学儿童的社会创造性，增强他们的思维能力，增强他们提出和解决各种社会问题的能力。

（1）通过小组（4～7人）讨论、班级汇报和班级讨论，提高学生与教师交往的主动性。

（2）提高学生主动维持师生关系时的思维能力，引导他们从多个角度灵活地想办法，主动维持与教师的良好关系。

（二）课程活动主题

维持师生交往：我怎样保持与老师的关系？（研究者事先不指明主题，只呈现问题，总结时再点明主题）

（三）时间安排

可以在班会时间或其他合适的时间开展，大约需要50分钟。

（四）培养方案（课程部分）的组织和准备

同单元一。

（五）课程内容

学生围绕是否维持与老师的交往以及如何维持与老师交往的问题进行分组讨论。问题情境为："如果老师认为你没有按照要求做作业，感到很生气，你会怎么办？怎样才能让老师不再生气？请尽可能多地说出你想到的办法，尽量说出跟别人不同的办法。"

（六）活动程序

1. 研究者提出问题（10分钟左右）

可以这样引出问题："在学校，我们与老师之间会发生各种各样的事情，比如，与他们聊天，讨论问题，向他们请教学习上的难题。有时候，我们与老师之间也可能发生一些不愉快的事情，这时，每个人都可能有不同的想法，会采取不同的办法。今天，我们就要讨论这样一个问题。"通过角色扮演引出问题，角色扮演活动不提出如何维持师生交往，保持与老师的关系等问题，让学生自己决定如何对待和处理（应事先确定由哪个小组扮演以及扮演方式）。由其中一个组的成员扮演问题情境中的各个角色，包括"我"（可用具体的名字代替，如华华）、"我"的老师，故事内容包括："我"没有按照要求做作业，老师很生气，用批评的语气对"我"说话，这时，"我"会怎么做呢？

问题情境呈现完毕后，研究者提出问题："如果你是华华，这时你会怎么办呢？在你确定怎么做之后，你能想出哪些办法？请确定最好的解决办法。"

2. 小组讨论（20分钟左右）

在小组长主持和组织下，小组成员讨论问题，每个人都要发表意见，并由专人记录组员的解决办法。

3. 小组总结（与小组讨论同时进行）

小组长总结小组意见。

总结格式：

会怎样做？

_____

_____

能想出哪些办法？

_____

_____

_____

最好的办法是：_____

4. 班级汇报（10 分钟左右）

由小组长向全班报告小组讨论的结果。

5. 评价（10 分钟左右，与总结反馈、布置作业环节同时进行）

同单元一。

6. 研究者总结反馈

研究者总结班会主题，肯定讨论的成绩，强调要将所学方法向现实生活推广。例如："今天，每个小组都畅所欲言，大家讨论很热烈，思想很活跃，想出了各种各样的办法或主意。在我们的现实生活中，如果我们遇到这类问题，也应该主动想办法，想出最恰当、最有效的办法，与老师保持一种良好的关系。"

7. 课后自我反思作业

同单元七。

（七）教师管理方式的改善

同单元一。

（八）家长管理方式的改善

同单元一。

单元九　解决师生冲突：我怎样与老师"谈判"

（一）教育目标

提高小学儿童的社会创造性，增强他们的思维能力，增强他们提出和解决各种社会问题的能力。

（1）通过小组（4~7 人）讨论、班级汇报和讨论，提高学生解决师生冲突的主动性。

（2）提高学生解决师生冲突的思维能力，引导他们从多个角度灵活地想办法，主动解决师生之间的冲突。

（二）课程活动主题

消除师生冲突：我怎样与老师协调冲突？（研究者事先不指明主题，只呈现问题，总结时再点明主题）

（三）时间安排

可以在班会时间或其他合适的时间开展，大约需要 50 分钟。

（四）培养方案（课程部分）的组织和准备

同单元一。

（五）课程内容

学生围绕是否解决与教师之间的冲突以及如何解决或协调冲突进行分组讨论。问题情境为：如果你想在你班担任班干部，但是班主任认为你不适合，你会怎么办？怎样才能让老师答应你的请求？请尽可能多地说出你想到的办法，尽量说出跟别人不同的办法。

（六）活动程序

1. 研究者提出问题（10 分钟左右）

可以这样引出问题："在学校，我们与老师之间会发生各种各样的事情，比如，与他们聊天，讨论问题，向他们请教学习上的难题。我们与老师经过由不认识到认识、由不熟悉到熟悉的过程。当我们第一次见到老师的时候，或班里来了一个新老师的时候，我们每个人可能都有不同的想法，在与老师交往时也会有不同的办法。今天，我们就要讨论这样一个问题。"通过角色扮演引出问题，角色扮演活动不提出如何主动结识老师、让老师认识和了解自己等问题，让学生自己决定如何对待和处理（应事先确定由哪个小组扮演以及扮演方式）。由其中一个组的成员扮演问题情境中的各个角色，包括"我"（可用具体的名字代替，如华华）、"我"的班主任，故事内容包括："我"很想担任班干部，但是班主任老师认为"我"不适合，这时，"我"会怎么做呢？

问题情境呈现完毕后，研究者提出问题："如果你是华华，这时你会怎么做呢？在你确定怎么做之后，你能想出哪些办法？请确定最好的解决办法。"

2. 小组讨论（20 分钟左右）

在小组长主持和组织下，小组成员讨论问题，每个人都要发表意见，并由专人记录组员的解决办法。

3. 小组总结（与小组讨论同时进行）

小组长总结小组意见。

总结格式：

会怎样做？

_____

_____

能想出哪些办法？

_____

_____

最好的办法是：_____

4. 班级汇报（10 分钟左右）

由小组长向全班报告小组讨论的结果。

5. 评价（10 分钟左右，与总结反馈、布置作业环节同时进行）

同单元一。

6. 研究者总结反馈

研究者总结班会主题，肯定讨论的成绩，强调要将所学方法向现实生活推广。例如："今天，每个小组都畅所欲言，大家讨论很热烈，思想很活跃，想出了各种各样的办法或主意。在我们的现实生活中，如果我们真正遇到这类问题，也应该主动想办法，想出最恰当、最有效的办法，与老师进行协调或谈判，消除师生之间的冲突。"

7. 课后自我反思作业

同单元七。

（七）教师管理方式的改善

同单元一。

（八）家长管理方式的改善

同单元一。

\ 第五章 \ 中小学生社会创造性的发展

　　了解中小学生社会创造性的发展规律，是促进他们的社会创造性发展的基础。作为创造性中的一种类型，社会创造性的发展也必然遵循创造性发展的一般规律。另一方面，作为特殊领域的创造性，社会创造性也必然具有自身特殊的发展规律，呈现出自身特殊的发展趋势。

第一节　中小学生创造性的发展

　　自 20 世纪中期以来，创造性的发展一直是创造性研究的一个核心内容。正如托兰斯所指出的那样，与那些不太了解儿童心理发展的年龄特征的教师相比，了解儿童年龄特征的教师往往教学质量更高，师生关系更和谐。[①]当然，对中小学生创造性发展的特点了解较多的教师也会更好地促进中小学生创造性的发展。

一、中小学生创造性发展的年龄特征

　　创造性的发展具有明显的年龄特征，也就是说，在不同的年龄阶段，创造

---

① TORRANCE E P. Creative development ［M］// TORRANCE E P. Guiding creative talent. NJ: Prentice-Hall，1962：84-103.

性的发展特点有所不同。总体上，我们可以根据儿童受教育的年龄，把人们创造性的发展划分为学前期和学龄期两大阶段。

学前期儿童在创造性的不同侧面呈现出不同的发展趋势。早在 20 世纪初，一些研究者就提出了关于想象力包括创造性想象力发展曲线的假设，有些研究者甚至进行了比较系统的研究。例如，20 世纪初，里伯特认为，想象力在人的一生中呈现出抛物线式的发展趋势，即在儿童青少年时期呈上升趋势，随后则呈下降趋势。后来，麦克米伦则提出了想象力发展的三个阶段：在第一个阶段，儿童想象与现实不分；在第二个阶段，儿童逐渐开始在现实的基础上进行想象；在第三个阶段，儿童能够在一定程度上想象关于这个世界的理想图景。

20 世纪 30 年代，安德鲁斯系统地探讨了学前期儿童想象力的发展，发现想象力总分在 4 岁到 4 岁半最高，而 5 岁进入幼儿园以后突然下降；创造性想象在 3 岁半到 4 岁半这个时期达到最高点，在 5 岁达到最低点。在随后的几十年间，儿童创造性想象发展的年龄特征一直是研究者十分感兴趣的问题，他们在这个方面进行了广泛的研究，尽管结论不尽相同，不少研究都发现幼儿的想象力在入学前随年龄增长而提高，而入学后却有所下降。这种发展趋势耐人寻味。

到了小学时期，儿童的创造性发展进入了一个新的时期。正如托兰斯在 20 世纪 60 年代所指出的那样，20 世纪初以来的一系列研究显示，小学儿童创造性发展的趋势具有高度一致性，尽管在不同的研究中人们采用了不同的测量方法和样本。这些研究发现，在入学后的最初几年中，儿童的创造性是呈上升趋势的，但随后会出现一个明显的下降趋势，在不同的研究中，创造性下降的年龄不尽相同，很多研究发现这种下降出现在四年级前后，也有一些研究发现在五年级和六年级前后。从总体上看，从四年级到七年级这个时期，儿童的创造性更容易呈现下降趋势，其中，四年级下降最典型，有关的讨论也最多。在这些研究中，托兰斯等人在 20 世纪五六十年代运用心理测量法进行的系列研究是其代表性研究。他们研究了一至六年级和教育心理学专业研究生的创造性的发展特点，绘出了创造性发展曲线。结果表明，从总体上看，从一年级到三年级，儿童的创造性是稳定上升的，而到了四年级以后，会出现一个突然的下降；另一个下降发生在初中阶段，随后到高中一直呈上升趋势。但是，也有一个例外，儿童提出的因果关系假设的数量并不存在"四年级下降"的趋势，它在小学阶段是稳定上升的。①② 总体上，这种发展趋势与儿童一般逻辑思维能力的发展是一致的。创造性发展的"四年级下降"（The 4th Grade Slump）现象得到验证并受到广泛的探讨。③

但是，心理学家们也发现，创造性的这种发展也表现出一定的性别差异。例如，托兰斯的研究显示，男孩的创造性从一年级到三年级都保持着某种优势，这种优势甚至会持续到四年级，但是，女孩的创造性思维会在四年级与五年级之间出现某种"陡升"。④⑤

这种性别差异与人们的性别刻板印象并不相符。在很多人看来，在发明者中，男性应该多于女性，或者说，男性更富有创造性。但是，科兰杰洛等人的研究结果表明并非如此。他们探讨了三到八年级的儿童青少年发明者的特点，发现女孩具有与男孩类似的创造性，她们当中的发明者同样很多。创造性的男孩与创造性的女孩对学校和创新的态度都是积极的，都很喜欢学校和发明创造活动，喜欢学习，乐于参加这类竞赛。但是，在发明创造的种类上，却有一定的性别差异，例如，女孩在厨房和洗浴用品、生活组织等方面的发明要

---

① TORRANCE E P. Creative development［M］// TORRANCE E P. Guiding creative talent. NJ：Prentice-Hall，1962：84-103.

② TORRANCE E P. Explorations in creative thinking in the early school years：a progressive report［M］// TAYLOR C W，BARRON F. Scientific creativity：its recognition and development. New York，London，Sydney：John Wiley & Sons，1963：173-183.

③ CLAXTON A F，PANNELLS T C，RHOADS P A. Developmental trends in the creativity of school-age children［J］. Creativity research journal，2005，17（4）：327-335.

④ TORRANCE E P. Creative development［M］// TORRANCE E P. Guiding creative talent.NJ：Prentice-Hall，1962：84-103.

⑤ TORRANCE E P. Explorations in creative thinking in the early school years：a progressive report［M］// TAYLOR C W，BARRON F. Scientific creativity：its recognition and development. New York，London，Sydney：John Wiley & Sons，1963：173-183.

多于男孩。①

由于测量和评价方法、研究对象以及具体的研究内容等各不相同，人们得出的结论也并不完全相同。例如，有研究者在概括了 20 世纪后半叶的有关研究后指出，儿童发散性思维的不同侧面的发展趋势，包括发展与下降的速度，都是不同的。②而且，随着科学技术的发展，儿童接触到的环境条件日新月异，成人对儿童的期望和教养方式也在不断变化，这也可能促成儿童创造性发展趋势呈现出某些时代特征。尽管如此，人们仍然会发现某些发展趋势。可以说，虽然创造性在特定的年龄会出现某些"波折"，但是，在儿童青少年时期，创造性总体上还是随着年龄而增强的，创造性思维尤其如此。我国心理学家林崇德在全国范围的系列研究表明，儿童思维的品质，包括思维的独创性、灵活性、深刻性、敏捷性等，都随着年龄的增长而不断提高，尽管在不同的年龄阶段，其表现形式有所不同。③很明显，成年初期和中期创造性的突出表现也是以儿童青少年创造性的持续发展为基础的。

二、对创造性发展趋势的分析

为什么创造性的发展会表现出特定的发展趋势？多年来，对创造性的发展趋势背后的原因，人们的讨论从未曾间断。

为什么儿童的创造性思维能力在低年级上升而在中高年级下降？托兰斯认为，创造性思维的发展曲线明显不同于心理发展的其他方面。的确，一般的心理能力，如感知或观察力、记忆力，通常会随着年龄的增长而不断增强，呈

---

① COLANGELO N, ASSOULINE S G, CROFT L., et al. Young inventors [M]//SHAVININA L V. International handbook on innovation. The Netherlands：Elsevier Science Ltd, 2003：281-292.
② RUNCO M A, CHARLES R E. Developmental trends in creative potential and creative performance [M]//RUNCO M A. The creativity research handbook. New Jersey：Hampton Press, 1997：115-153.
③ 林崇德. 学习与发展：中小学生学习能力发展与培养[M]. 北京：北京师范大学出版社，1999：249-285.

现持续上升的趋势。但是，创造性，尤其是发散性思维，却先上升而后下降，这种发展曲线出乎人们的意料。多数研究者认为，这很可能与儿童心理发展的年龄特征有关。通常，学龄期的低年级儿童受成人的影响较大，父母和教师在他们的心目中具有很高的地位，或者说是他们心目中的权威，相对而言，他们受同伴的影响较小。在这种情况下，他们更愿意充分地表现自己或表达自己的观点，以获得成人的积极评价，创造性思维能力也表现得更为充分。但是，随着年龄的增长，儿童对同伴的认同倾向日益明显，特别是到了小学中高年级以后，同伴群体的影响明显增强，儿童更希望与周围的同伴保持一致，在思维方式、价值观和行为上都是如此。他们如果不这样做，就可能遭到同伴的排斥或打击。很可能是这种对同伴群体的趋同，促使儿童创造性思维能力的下降。发散思维的基本特点是求异，当儿童屈从于周围同伴的价值观和同伴群体的压力时，发散思维显然就受到了限制，因为求异或与众不同的思维方式、价值观和行为带来的可能是来自同伴群体的某种"惩罚"而不是强化。

如前所述，在儿童青少年时期，创造性总体上是不断增强的。这与儿童一般心理能力的发展趋势是一致的。作为儿童的一种心理特征，创造性不可能脱离心理的其他方面而独立发展。换言之，创造性是儿童心理的一部分，创造性的发展是心理整体发展的一部分。它与一般的感知、记忆、想象、思维，以及人格的发展紧密结合，相辅相成。当这些一般的心理能力不断提高、人格品质健康发展的时候，创造性总体上也会不断增强。

需要注意的是，儿童创造性发展的"波折"更多地受制于人格而不是认知能力。认知能力是随着年龄的增长而不断提高的，但人格却未必。人格倾向经常在创造性中发挥着至关重要的作用，影响甚至决定了儿童的创造性水平。有研究者采用追踪研究的方法，考察了四年级、六年级和九年级儿童的创造性的发展趋势，发现儿童的创造性与他们所处的年级有关，而且，创造性的差异主要与创造性的人格倾向或情感特征有关。[1] 还有研究者将参加研究的被

---

[1] CLAXTON A F，PANNELLS T C，RHOADS P A. Developmental trends in the creativity of school-age children [J]. Creativity research journal，2005，17（4）：327-335.

试分为三组：无创造性的人、人际交往能力较强而创造性一般的人、高创造性组。他们发现通过一个人从事创造活动的激情或对创造活动的狂热程度可以预测这个人会属于哪一组。① 换言之，对创造活动的热爱或兴趣决定了一个人的创造性水平。

大量研究表明，创造性的人格品质包括敢于解决复杂问题和勇于迎接困难的挑战性，不怕消极评价、勇于独立探索的冒险性，对事物寻根究底、乐于寻找问题答案的好奇心等。拥有这些人格品质的儿童拥有充分的心理上的自由，思维往往更流畅、更灵活，更容易出奇制胜，有更多的创造性的主意或问题解决办法。但是，我们必须看到，并不是所有儿童都具有这些积极的人格特征。来自多个文化背景的研究都表明，成人社会的文化以及儿童群体的亚文化往往都会压制而不是促成这些人格品质。很多教师并不喜欢那些看起来"不听话"、脑子里总有不同看法的学生，家长通常也更喜欢那些"听话"的孩子。那些与同伴持不同意见的儿童也常常会遭到同伴群体的排斥和打击。在这种情况下，很多儿童宁愿放弃独立的自我，而屈从别人。在某些年龄阶段，成人和同伴群体的这种消极影响更为明显。这可能是创造性发展出现"波折"的主要原因。

因此，在分析儿童创造性发展趋势的时候，必须把创造性看作一个系统，把创造性认知的发展与创造性人格的发展看作一个整体。这样，才能更充分、更客观地分析创造性的发展问题。另一方面，简单地把创造性等同于创造性思维或发散思维的做法，也不能全面地考察和说明创造性的发展趋势。换言之，只考察了创造性思维发展的研究，只能说是创造性思维的发展趋势，而不能说是创造性的整体的发展趋势，因为创造性思维只是创造性的整体的一部分，是创造性认知的一部分。当创造性认知与创造性人格协同发展的时候，儿童创造性的发展才更客观、更全面，也更健康，创造性的发展趋势才更接近实际。

① VON STUMM S，CHUNG A，FURNHAM A. Creative ability，creative ideation and latent classes of creative achievement：what is the role of personality？［J］. Psychology of aesthetics，creativity，and the arts，2011，5（2）：107-114.

第二节　中小学生社会创造性的发展趋势

　　正如费里德曼指出的，随着创造性研究的主题从创造性的一般结构转变为具体领域中的创造性，创造性发展研究的对象也从一般的、普遍性的活动结果或产品（如一般创造性测验的结果，让被试列举物品用途的测验的结果）转变为特定领域的产品或结果（如艺术作品、科学发明的产品）。[①]事实上，很多研究发现，不同领域的创造性的确有诸多不同，这突出地表现在创造者的人格特征、创造的内容等方面。中小学生创造性发展的一般规律是否适用于社会活动和社会生活领域？换句话说，社会创造性的发展是否表现出与一般创造性相同的特点？

一、关于社会创造性发展特点的研究

　　近年来，人们对儿童青少年的社会创造性发展问题进行了探索，但是，在心理学领域进行的这些研究总体上不够深入、不够系统，而且数量有限。詹姆斯等人以年龄较大的青少年（大学生）为研究对象，探讨了不同领域（包括问题解决、艺术和社交领域）的创造性之间的关系。[②]在这项研究中，研究者把社会创造性界定为找到新颖的让别人喜欢自己的方法的能力、找到新颖的说服别人同意自己的观点的方法的能力，要求青少年对自己的社会创造性以及其他方面的创造性进行评定。结果发现，青少年的人格和发散性思维能力与上述各个领域的创造性具有不同的关系，它们对不同的创造性具有不同的影响；另一方面，不同的创造性之间在一定程度上又是相互独立的，它们并不完全相同。

---

① FELDMAN D H. The development of creativity [M] // STERNBERG R. J. Handbook of creativity. New York：Cambridge University Press，1999：169-188.

② JAMES K，ASMUS C. Personality，cognitive skills，and creativity in different life domains [J]. Creativity research journal，2001，13（2）：149-159.

　　有研究采用自我报告的方式，通过让儿童回答问题，考察儿童青少年生活中存在的社会创造性。例如，有研究者根据有关研究编制了假设性的社会问题情境，研究了学龄初期儿童的社会创造性的发展特点。[①] 他们编制的社会问题情境包括同伴任务情境、亲子任务情境和友伴或好朋友任务情境，代表了学龄儿童基本的社会交往类型，包括与一般同伴交往的情境、与地位较高的人相处的情境、与好朋友交往的情境。这项研究采用了三个问题。问题一：设想在课间休息时间你看到两个孩子在玩一种有趣的游戏，你想跟他们一起玩。你走过去说："我可以与你们一起玩吗？"他们说："不行。"你会怎么做或怎么说才能让他们允许你与他们一起玩？请你给出尽可能多的主意，尽量想出大家通常想不出来的点子。问题二：设想一天晚上，你在家里，有一个你很想看的电视节目正在播放。你问妈妈或爸爸能不能看这个节目，但是，他们说："不行，天太晚了，你必须去睡觉。"你会怎么做或怎么说才能让他们允许你看电视？请你给出尽可能多的主意，尽量想出大家通常想不出来的点子。问题三：设想一天你与你的一个好朋友在一起，她或他想玩一个游戏，但是你想玩另一个游戏。你会怎么做或怎么说才能让他们允许你与他们一起玩？请你给出尽可能多的主意，尽量想出大家通常想不出来的点子。他们发现，儿童在不同的任务中表现出来的社会创造性具有显著的正相关，而且，它们的发展趋势是一致的，总体上都随着年龄的增长而提高。另一方面，在不同的任务中，在不同的年龄段，儿童表现出来的流畅性与独创性之间都具有稳定的联系。

　　但是，这些研究重视测量社会创造性中的认知能力或发散思维能力，甚至将社会创造性等同于儿童在解决社会性问题的过程中表现出来的发散性思维能力，相应地，它们并没有注意探讨社会创造性中的人格和社会情境层面的内涵，也就是与社会创造性密切相关的人格、动机，以及问题解决方法的有效性和适当性。而且，这些研究侧重于假设情境中的社会创造性，没有考虑到现实生活中儿童实际表现的社会创造性。儿童在假设的问题情境中"说出来"的社

① MOUCHIROUD C，LUBART T I. Social creativity：a cross-secitonal study of 6-to 11-year-old children［J］. International journal of behavioral development，2002，26（1）：60-69.

会创造性，与他们"实际表现出来"的社会创造性可能差异很大。为此，我们将社会创造性分为状态性的社会创造性与特质性的社会创造性两种形式，分别探讨了它们在儿童青少年时期的发展特点。

二、状态性的社会创造性的发展趋势

状态性的社会创造性主要通过访谈法进行考察。在访谈中，我们从有代表性的普通小学随机选取三到六年级的 194 名学生作为研究对象。他们的具体信息如下：三年级 40 人，四年级 49 人，五年级 55 人，六年级 49 人，平均年龄为 10.5 岁。

在参考有关研究的基础上，我们编制了半结构的故事情境。访谈的内容包括同伴交往、师生交往和亲子交往三种典型的情境，它们代表了学龄初期儿童基本的社会交往类型，其中每种情境又包括发起社会交往、维持社会交往与解决冲突三种情况。整个访谈设有十二个问题，其中包括九个假设性的故事情境与三个真实的故事情境，每个情境都要求儿童回答面对该情境会怎么办（或是怎么做的），并提出尽可能多的与众不同的问题解决方法。

儿童的社会创造性是否随着他们的实际年龄的增长而提高呢？相关分析的结果告诉我们，在上述三种典型的交往情境中，小学儿童的流畅性、变通性、好奇性、挑战性、冒险性均与其实际的年龄呈显著的正相关，其他的三个维度，即独创性、适当性、有效性与实际年龄的相关系数虽不显著，但也均与年龄呈正相关。这说明，小学儿童的社会创造性在总体上是随着年龄的增长而增强的。也就是说，随着年龄的增长，儿童的社会创造性在总体上也是逐渐提高的。另外，虽然不同情境中的相关模式有所不同，但无论在哪一种交往情境中，儿童表现出来的流畅性和变通性均与他们的年龄呈显著的正相关。需要注意的是，我们不能由此简单地断定，社会创造性的各个方面均随着年龄的增长而增强，创造性的人格倾向尤其如此。

在年级差异方面，我们发现，在儿童社会创造性的各个维度中，只有流畅性和变通性具有显著的年级差异，五年级和六年级的儿童在流畅性和变通性上极其显著地高于三年级儿童。通过进一步分析，我们发现，儿童某些方面的社会创造性在三种情境中表现出类似的发展趋势。在同伴交往情境中，儿童表现出来的流畅性、变通性和好奇性均具有显著的年级差异，五年级和六年级儿童在流畅性、变通性和好奇性上均显著或极其显著地高于三年级儿童，而且六年级儿童在好奇性上也高于四年级儿童（图 5-1）。

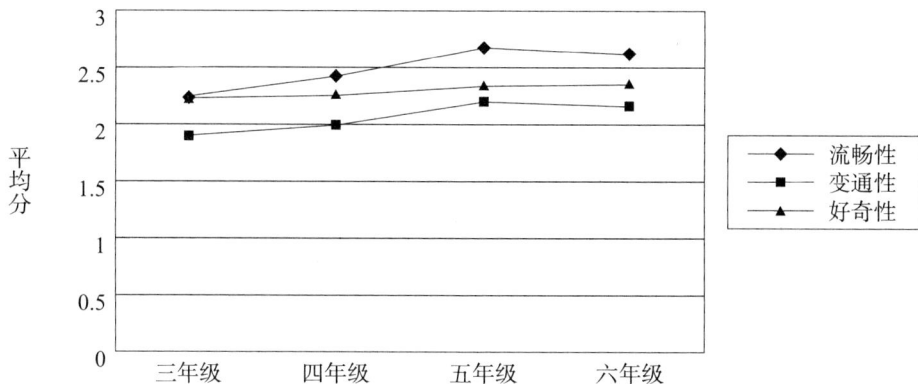

图 5-1　儿童在同伴交往中的流畅性、变通性和好奇性的发展趋势

在师生交往和亲子交往情境中，各年级儿童表现出类似的特点。在师生交往情境中，流畅性具有显著的年级差异，而变通性的年级差异达到边缘显著水平；在亲子交往情境中，流畅性和变通性均具有显著的年级差异。在这两种情境中，五年级和六年级儿童在流畅性和变通性上均显著高于三年级儿童，而且在亲子交往情境中，四年级儿童在流畅性上还显著高于三年级儿童（图 5-2 和图 5-3）。

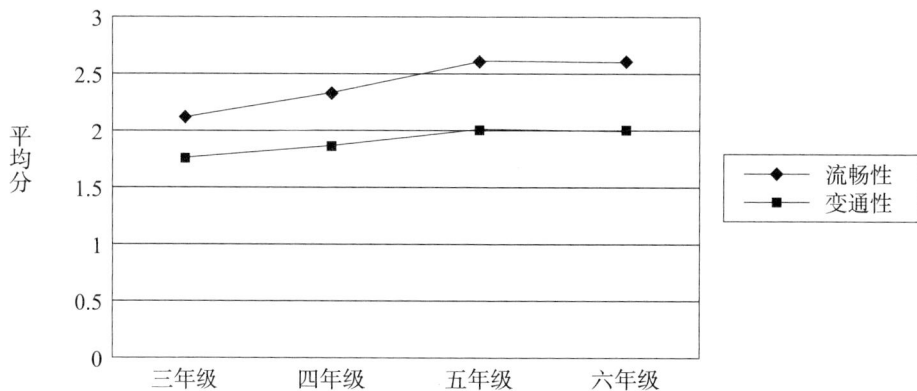

图 5-2　儿童在师生交往中的流畅性、变通性的发展趋势

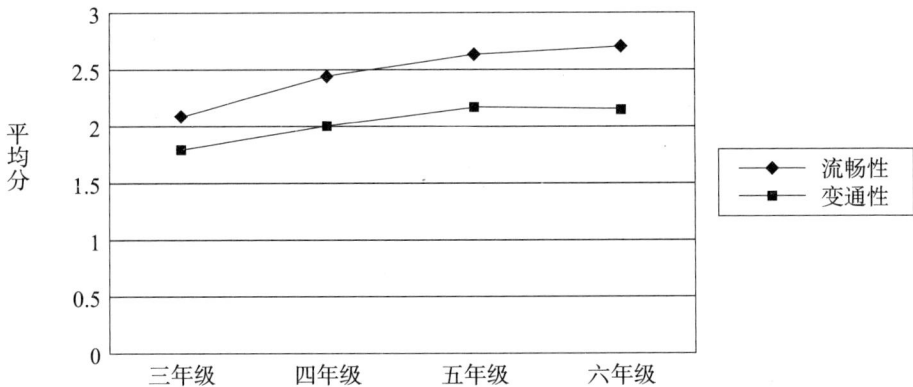

图 5-3　儿童在亲子交往中的流畅性、变通性的发展趋势

在性别差异方面，小学女生在社会创造性的各个维度上都显著地高于男生。进一步分析表明：在同伴交往情境中，女生表现出来的反应适当性显著高于男生表现出来的反应适当性；在师生交往情境中，女生的流畅性、变通性、挑战性显著高于男生的；在亲子交往情境中，除了适当性之外，女生在各个维度上的得分均显著地高于男生。显然，在我们的访谈过程中，女孩表现出更明显的社会创造性倾向。

从总体上看，进入学龄期的儿童已经具有一定的社会技能，面对生活中的问题，大多数儿童能够寻找解决问题的有效方法。

对学龄初期的儿童来说，学校生活构成了他们的重要生活内容。相应地，与老师、同学或同伴的关系也成为他们的基本生活内容。同样，家庭也是儿童最基本的生活环境。因此，亲子关系、同伴关系和师生关系，成为学龄初期儿童最基本的社会关系，解决在这些方面存在的问题，也成为儿童不可回避的生活任务。

相对而言，三年级儿童解决问题的积极性较高，但是，他们的解决办法相对较少，而且通常局限于个人的生活经验和"直觉"，局限于他们生活中常用的、"模式化"的解决办法。

当问到"如果老师认为你没有按照要求做作业，感到很生气，你会怎么办"这个问题的时候，一名三年级儿童回答，"这时候我会（把作业）补上的"，"我会改正错误"，"我会写一份检讨给老师看，这样老师会慢慢高兴起来"。

另一名三年级儿童这样回答，"我会接受老师的惩罚"，"改正（作业）错误，然后按照老师的要求去做"，"向老师道歉，因为我没有按照老师的要求做"。显然，他们的解决办法正是教师在日常生活中对作业犯错的儿童通常采用的办法。教师通常采取告知和要求改正错误（重新做一次作业）、口头批评、要求写检讨等方式对学生进行管理。三年级儿童对问题的应对或解决方式与他们具体的生活经验密切相关，可以说，他们的问题解决方法主要是"从具体到具体"的复制。

随着年龄的增长，儿童提出的解决办法增多，而且更合乎情理，换言之，社会化程度更高。当问到同样的问题的时候，一名四年级的儿童这样说，"我会问一下老师作业的情况，然后再把自己的作业补起来"，"以后表现好一点，让老师原谅我没有完成作业的错误"，"向老师赔礼道歉"，"每天按时完成作业，还预习以后的作业（后面要学习的内容），把成绩提高，就可以让老师原谅我了"。显然，他们的解决办法明显增多了，而且，这些办法不再是具体生活经验的简单迁移，而是在生活经验的基础上提出来的，是儿童自己想出来的，而不是"复制"过来的。儿童的这种思维能力很大程度上得益于他们对人的心理的理解能力（也叫心理理论）的提高，得益于思维概括性和抽象性的增强。这一时期，儿童对教师心理活动的理解能力明显提高，这使得他们更可能完成从一般性的心理活动原理向具体的问题解决办法的延伸或演绎。另一方面，这一时期，儿童行为的自觉性也明显提高。他们对自身行为的意义有了更深刻的认识。例如，有儿童说，"如果不做作业，自己的成绩就不会提高"。通常，深刻认识自身行为的意义，可以让他们的问题解决办法更有效，也更适当。

五年级和六年级的儿童在这些方面表现得更充分。对上面的问题，一位五年级的儿童这样说，"我会求老师再给我一次机会让我重做"，"给老师写一封信向老师道歉"，"下次做好，老师就会原谅你"。一位六年级儿童也给出了适当而有效的办法，"主动向老师承认错误，然后改过来"，"弥补（改正）自己的错误"，"以后作业做（得）好一点"，"课堂上表现好一点"，"为班级做事情"。显然，这些办法都是基于对教师心理活动的认识而提出来的。与三年级儿童提出的办法相比，它们的流畅性和变通性明显提高了。

　　儿童社会创造性发展的上述特点也体现在同伴关系中和亲子关系中。在问到"如果你看到几个陌生的孩子正在欺负你的一个朋友，这时你会怎么办"的时候，一位三年级的儿童回答说，"我会说别打人"，"（如果他们）不听，我就打他们"。显然，这种回答只是简单地复制了他们的经验，或者说，只是重复了成人在类似情境中通常会对他们所说的话。但是，到了高年级，儿童的解决办法常常是多样而灵活的，他们已能自己想出一些适当而有效的办法。对上面的问题，一位四年级的儿童说，"我会去阻止他们，说'你们要玩，就玩一些有意义的游戏，不要玩打架这些伤人的游戏'"，"我会跟我朋友说，不要再和这些爱打人的小孩玩"，"我去帮我的那个朋友（打架）"，"我会叫一些大人来，不让他们打，比如那些欺负人的孩子的爸爸妈妈"。一个五年级的儿童说，"如果欺负我朋友的那帮孩子和我的实力差不多，我就会冲上去跟他们打口水仗，跟他们辩论"，"假设口水仗没效，就采用巧办法，对他们说'你看那是什么'，他们一转过头，我就拉着朋友跑"，"就说，'看！那里有个警察'，如果他们胆子小的话，就会一哄而散的，毕竟他们做的是坏事"。一个六年级的儿童给出的回答是，"拳脚相加（打抱不平，帮助打架）"，"叫妈妈来"，"或者找那些门卫啊（什么的）"，"去吸引他们（欺负人的孩子）说：'嘿！大笨蛋！大笨蛋！'他们来追我的时候，就一个人跑（骗他们离开），先跑到那个门卫旁边，让门卫来抓他们"。还有的孩子给出了更合乎情理的办法，"我会劝他们别打了，问他们为什么要打我的朋友，我朋友犯了什么错。如果他是无辜的话，我会帮他，如果他们还打他的话，我就要出手了。如果我的朋友无缘无故被打的话，我有责任去帮他"，"如果我朋友犯错误的话，我会把我朋友的家长请过来，把朋友救下来。如果是对方犯错的话，我会把对方的家长找来，让他给我朋友道歉"，"还有就是找老师（帮助）"，"如果我出手帮不了他，我就会请旁边好一点的叔叔阿姨跟他们谈，去说服他们，要是还说服不了他们的话，我就会拉着我的朋友跑"，"要是他们家就在附近，我就拿他们家的一样东西，要挟他们一下"，"如果我朋友伤得很重的话，我就拿旁边的东西假装扔他，他们就会害怕，也会躲开，就不会打我的朋友了"，"如果我朋友伤得很重的话，我会报警的，万一有什么事的话，他们也负不了责的"。高年级儿童的回答更富有想象力。而且，女孩的回答内容常常更丰富，这可能与她们的语言表达能力相对较强、身体成熟相对较早有关。

三、特质性的社会创造性的发展趋势

需要指出，上面的这些结果是根据访谈法得出来的。由于访谈是在短时间内要求儿童回答特定的问题并给出问题解决的办法，这种方法很可能评价了特定时间内的社会创造性状态，或者说它评价了一种状态性的社会创造性，而不是稳定的特质性的社会创造性，因为在特定的时间内，儿童的反应或回答可能受到当时的环境、个人的情绪或身体状态等多种因素的影响。因此，我们又采用社会创造性问卷测量了儿童青少年特质性的社会创造性。

我们发现，儿童在社会创造性的各个方面表现出来的发展趋势有所不同。在日常的交往能力方面，总体上是随着年龄增长而提高的，高年级（四年级、五年级、六年级）学生在这一方面显著强于低年级学生。在冒险性（做事有主见，不怕遭到别人的嘲笑或批评）、毅力或坚持性（做事有恒心，不达目的不罢休）、自信等人格特征上，却恰恰相反，低年级儿童显著强于高年级儿童。图 5-4 和图 5-5 中，我们可以看到这种发展趋势。

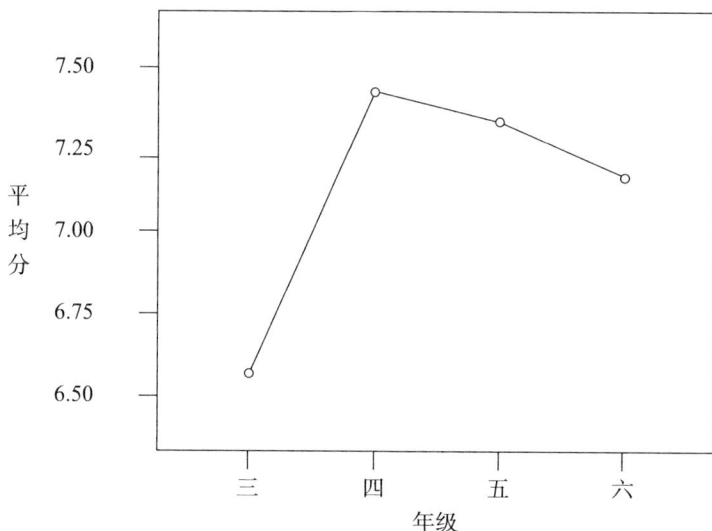

图 5-4　日常交往能力的发展趋势

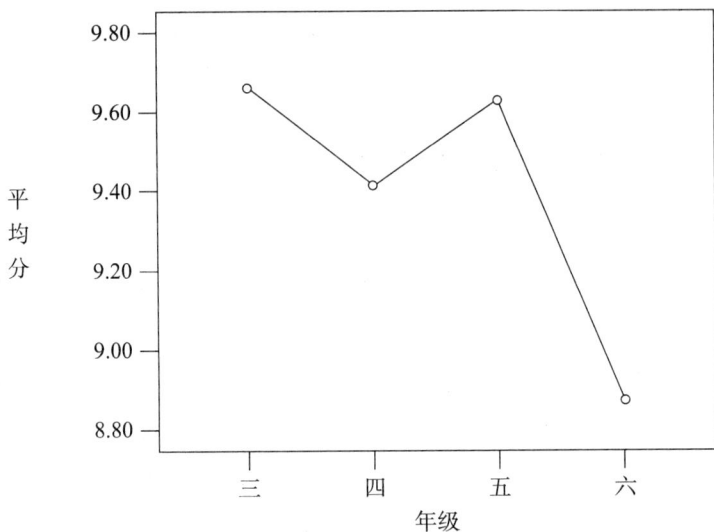

图 5-5　创造性人格倾向的发展趋势

在总体上看，儿童在社会性问题解决过程中表现出来的发散性思维能力的发展趋势与前面访谈的结果是一致的，都是随着年龄增长而提高的。也就是说，状态性的社会创造性与特质性的社会创造性是一致的。但是，在创造性人格倾向的发展上并非如此。从相对稳定的创造性人格特质来看，儿童在冒险性、毅力或坚持性、自信等方面呈现高年级时下降的趋势，而在访谈中表现出来的创造性人格状态则不然，总体上并没有表现出突出的年龄差异。这种差异表明，可能存在两种不同性质的创造性，即状态创造性与特质创造性。

在中学阶段，我们采用自编的中学生社会创造性问卷进行了调查，也发现了社会创造性随年级增长而下降的变化趋势。具体地说，就是初中一年级与高中一、二年级中学生在社会创造性总分上差异显著，其中，初中一年级学生的社会创造性总分显著高于高一和高二年级学生的社会创造性总分。这是一个值得深思的现象。

四、如何看待中小学生社会创造性的发展

综上所述，在总体上看，儿童在访谈过程中表现出来的状态创造性，或者说是"临时性"的社会创造性状态，是随着年级增高而增高的，这突出地表现

在高年级儿童的创造性思维能力，尤其是流畅性和变通性，显著高于低年级儿童的，在同伴交往、亲子交往和师生交往这三种问题情境中都表现出类似的特点。四年级前后可能是小学儿童社会创造性发展的转折期，也就是状态性的社会创造性迅速提高的时期。而且，女生总体社会创造性的各个指数均显著地高于男生。这与前人的研究结果是基本一致的。①

不可否认，这种发展趋势与小学儿童各方面的心理发展密切相关。随着教育、教学的深入，小学儿童想象的有意性、创造性显著增强，他们的思维从以具体形象思维为主，逐渐转化为以抽象逻辑思维为主，思维的独立性、批判性、深刻性、敏捷性等迅速发展，学科和社会生活知识经验日渐丰富。

尽管人们在创造性发展方面得出的研究结果并不一致，对个体创造性发展的趋势也持有不同观点，但托兰斯发现的"创造性四年级下降"现象却在多个创造性研究中都得到了验证。② 而我们发现四年级前后可能是儿童状态性的社会创造性发展的关键期，四年级以后，他们在问题情境中表现出来的社会创造性明显增强，而不是降低。结合以往的研究结果可以推知，小学四年级可能是创造性发展的重要转折期，这一点可能具有跨领域的普遍性；另一方面，这一结果也说明，社会创造性的发展可能具有领域的特殊性。

许多心理学家认为，四年级儿童处于掌握、认同和重视社会习俗或常规的阶段，对常规的趋同会降低他们的创造性（包括流畅性、独创性、变通性等），因而出现"创造性四年级下降"现象；而有些心理学家则认为，儿童对习俗标准的认同使他们掌握了批评和评价的技能，这种技能能够帮助他们判断特定的思想、问题解决方法是否适当、是否具有现实性。③ 显然，后一种观点更能

① MOUCHIROUD C，LUBART T I. Social creativity：a cross-secitonal study of 6-to 11-year-old children［J］. International journal of behavioral development，2002，26（1）：60-69.

② TORRANCE E P. Creative development［M］// TORRANCE E P. Guiding creative talent. NJ：Prentice-Hall，1962：84-103.

③ RUNCO M A，CHARLES R E. Developmental trends in creative potential and creative performance［M］//RUNCO M A. The creativity research handbook. New Jersey：Hampton Press，1997：115-153.

解释我们在这里得到的结果。社会创造性的发展和表现以个体的社会知识和经验为基础，社会创造性是个体适应社会生活和人际环境所必需的心理特征，在此意义上，社会创造性与艺术创造性、科学创造性不同，社会适应性是其本质所在，社会创造性越高，个体越容易受到人们的接纳和认可，越能有效地适应社会，而不是像艺术、科学领域那样，高创造性常常与习俗冲突。因此，儿童的社会创造性行为更容易受到教师、同伴的鼓励而不是压制，会随着社会知识经验的积累而逐年提高。这又突出地表现在创造性思维能力方面。

那么，在中学生中为什么年龄越大而社会创造性越低呢？这种现象很可能出于两种原因：其一，在我国目前的教育评价制度下，高中生升学压力重，他们要参加高考，学习负担较重，无暇顾及社会交往和社会活动，这大大制约着社会创造性的发展；其二，随着年龄的增长，中学生对社会标准的趋同倾向增强，更希望得到社会的认可，希望得到多数人的承认和接纳，在这种情况下，他们更可能放弃自己的标准而认同他人和社会的标准，这可能导致他们社会创造性的下降。

另一方面，从总体上看，小学女生的状态社会创造性显著地高于男生，在各种具体的情境中也是如此。创造性的这种性别差异在小学阶段可能具有某种普遍性，与某些创造性思维发展的研究结果一致。[①] 在中学之前，女孩在生理和心理的发展上都相对超前，在语言和思维等方面占相对优势，能够进行良好的社会沟通，而且她们受性别偏见的影响也较小，具有较强的探索问题的勇气和自信，对创造活动有较高的兴趣和热情。更重要的是，女孩更倾向于建立亲密的人际关系。所有这些，都可能促成她们在社会创造性发展中的优势地位。

在创造性思维方面，特质性的社会创造性，其发展特点与状态性的社会创造性是基本一致的，也就是说，无论是在状态性的社会创造性中，还是在特质性的社会创造性中，儿童表现出来的社会智力或创造性思维能力均有随着年龄的增长而提高的趋势。而儿童的创造性人格特质呈现出与此相反的发展趋势，即高年级下降趋势。这很可能是儿童对社会习俗或常规的趋同造成的。

---

① 张文新，谷传华. 创造力发展心理学 [M]. 合肥：安徽教育出版社，2004： 142-156.

　　需要指出的是，就创造性地解决社会生活问题的思维能力来说，它并未随年龄增长而下降。从社会创造性的内涵来看，行为方式的适当性、有效性也是社会创造性的重要特征，在保证问题解决方式适当、有效的情况下，或者说，在为周围社会所接受的范围内，以流畅、变通或灵活的思维，富有好奇心、挑战性和冒险性地解决各种人际关系和社会生活问题，进行社会交往，一般不会受到压制。理解和掌握社会习俗本身即构成了儿童社会经验的一部分，儿童完全可以运用他们所掌握的社会习俗经验创造性地解决生活中的各种问题，因而四年级儿童在掌握社会习俗标准之后，社会创造性的思维能力仍然有所提高而不是下降。

　　本研究结果的启示在于，在小学阶段，教育者应注意把小学中年级，尤其是四年级前后，作为创造性发展的转折期。这一时期也是小学儿童由具体形象思维向抽象逻辑思维过渡的关键期。教育者应让儿童在掌握社会习俗或群体规则的同时保持心理和行为的独立性，鼓励他们在各种情境中进行积极的社会活动，自主地、创造性地解决各种人际关系和社会生活问题，这可以有效地促进他们社会创造性的发展。相应地，在中学阶段也应如此。

　　与以前的研究相比，我们的研究具有某些"长处"。它采用了综合的、系统的方式评价小学儿童状态性（或情境性）的社会创造性与特质性（或稳定性）的社会创造性。事实上，很多研究发现，创造性能力（creative ability）、创造性想象（或创意，creative ideation）与创造性成就（creative achievement）并没有高相关。[①] 这很可能说明，研究者通常测量的创造性可能并不全面，或者说，没有对创造性进行适当而全面的评价，缺少对特质性社会创造性的测量。将创造性分为状态性的创造性与特质性的创造性，能够较好地解释这种现象，弥补以往研究的不足。

　　就状态性的社会创造性而言，我们整合了创造性的认知面（社会交往的变

---

① VON STUMM S，CHUNG A，FURNHAM A. Creative ability，creative ideation and latent classes of creative achievement：what is the role of personality？［J］. Psychology of aesthetics，creativity，and the arts，2011，5（2）：107-114.

通性、流畅性、独创性）、人格面（好奇性、挑战性、冒险性），以及社会面（问题解决策略的有效性、适当性）等多个因素，避免了长期以来创造性研究中偏重认知而忽视其他因素的倾向。另一方面，我们综合考虑了儿童潜在的社会创造性（或社会创造性潜能）与现实的社会创造性（在现实生活中实际表现的社会创造性），兼顾了儿童各种典型的社会生活情境（包括同伴交往情境、师生交往情境、亲子交往情境），整合了儿童的各种交往类型（包括发起交往、维持交往、解决人际冲突），由此避免了以往研究中只考虑潜在的创造性而忽视现实中的创造性的倾向，以及不区分社会活动情境和交往类型的做法。

有研究者指出，社会创造性研究应当综合考虑创造性行为的认知、动机、环境等多个侧面，同时考察包括人际冲突的社会交往情境与不包括人际冲突的情境。[①]显然，我们的研究方法在很大程度上弥补了过去研究的不足，而且，把社会活动领域的创造性作为研究对象，也进一步深化和拓展了创造性方面的研究。另外，我们让多个评定者对相同的回答按照统一标准进行评价，取其平均值的做法，也在很大程度上保证了评价的客观性。

需要注意，我们在研究中只是探讨了儿童期社会创造性的发展状况。实际上，我们可以把社会创造性看作一个连续体，它的两端分别为人们在处理人际关系和社会性问题的过程中表现的个体水平的社会创造性（如个人日常的领导能力）与影响社会生活的社会水平的社会创造性（如杰出的政治领袖人物具有的社会创造性）。[②]而我们在这里探讨的主要是前者，也就是儿童在日常生活中表现出来的实际的社会创造性和潜在的社会创造性（社会创造性潜能）。这种创造性与成人的创造性在很多方面（不仅仅在发展的程度上）是不能等同的。但是，我们必须看到，即使那些曾经影响了历史进程的人物，他们在儿童青少年时期的社会创造性也往往是个人水平的，而恰恰是这种早期的社会创造性，成为他们成年后社会创造性发展的基础。正是在此意义上，我们才能更好地评价研究儿童社会创造性发展的价值。

---

①② MOUCHIROUD C，LUBART T I. Social creativity：a cross-secitonal study of 6-to 11-year-old children［J］. International journal of behavioral development，2002，26（1）：60-69.

　　由于考虑到小学低年级（一年级、二年级）的儿童尚处于适应各种人际关系的阶段，我们没把他们列入研究的范围。这一阶段的儿童的社会创造性的发展有待于进一步的研究。此外，对于特质性的社会创造性和状态性的社会创造性的性质和发展规律，我们也需要做进一步的探讨。

\ 第六章 \ 影响社会创造性发展的个体因素

影响创造性发展的因素是多种多样的。概括地说，创造性的发展是家庭、学校以及其他环境因素与个体因素综合作用的结果。其中，个体因素包括气质、性格、能力等一般的人格倾向，也包括动机、认知风格等因素。创造性领域的很多理论和实证研究都表明了这一点。本章将结合我们近年来对社会创造性的研究，着重分析儿童青少年社会创造性的发展与他们的人格、社会技能、孤独感等方面的关系。

第一节　人格与社会创造性

我们知道，人格（又称为个性）是一个人在遗传与环境相互作用的基础上形成的内在的价值观以及与之相应的、相对稳定而一致的行为模式的统一体。人们的气质、性格和相对稳定的能力倾向，都属于人格的范畴。多年来，创造性与人格的关系一直是创造性研究领域的一个焦点。

一、人格与一般创造性的关系

心理学家普遍认为，创造性天才通常具有一系列典型的人格倾向，甚至在儿童青少年时期，这已经表现得很明显了。威林斯指出，那些创造性的天才人物在发展过程中通常有一系列明显的迹象。① 在不同的年龄阶段，这些迹象有所不同。例如，在 3～6 岁，这些儿童通常具有词汇量超前、幽默感强、读写能力强等特点；在 6～8 岁，这些儿童通常具有兴趣广泛、想象力丰富、主动积极等人格倾向；在 8～10 岁，他们喜欢进行独立的判断，具有某些运动爱好，朋友较少；在 10～13 岁，他们有完美主义倾向，容易厌烦，较早地出现青春期问题；在 13～15 岁，他们能够设定长期的目标，喜欢寻找挑战和刺激，具有高度的冒险性；在 15～18 岁，他们能够承受高度的压力，表现出坚韧的性格。

近年一些研究探讨了创造性人物，包括杰出的科学家、艺术家，以及政治家和社会活动家的人格特点，还有一些研究考察了中国历史上的社会名人（包括领袖人物）在不同年龄阶段的创造性人格特点，这些研究让我们看到了社会创造性人格的突出特点，但这些研究的对象因为多是杰出的人物，所以，它们探讨的问题实际上是高创造性与人格的关系。同时，这些研究对高年龄群体或成年人的研究比较多，对低年龄群体或儿童的研究相对较少。而且，在那些对领导社交类杰出人物的人格进行的研究中，领导力与社会创造性之间的区别也比较模糊。另一方面，那些社会性问题解决的研究也不能简单地等同于社会创造性研究，因为社会性问题解决能力只是社会创造性的一个层面，社会创造性还包括提出社会问题、创造性地进行各种人际交往和社会生活的能力等。因此，这些研究实际上没有很好地探讨社会创造性与一般的人格倾向之间的关系。

人们在日常的社会生活、社会交往或社会性问题解决方面所表现的创造性是否受到他们的一般的人格倾向的影响？什么样的人格特点有利于提高人们的社会创造性？什么样的人格特点不利于社会创造性的发挥和发展？这些都是值得探讨的问题。

---

① WILLINGS D. The creatively gifted：recognizing and developing the creative personality［M］. Cambridge：Woodhead-Faulkner，1980.

二、儿童的社会创造性与人格的关系

鉴于此，我们从学龄初期的普通儿童中进行取样，分析了他们的社会创造性与一般的人格倾向的关系，探讨了影响他们社会创造性发展的人格因素，看那些社会创造性较高的儿童通常具有哪些突出的个性或人格特征，为培养儿童的社会创造性、为进行科学的家庭教育和学校教育提供相应的参考。

我们以班级为单位，从武汉市普通小学随机选取了 410 名三年级至六年级小学儿童，其中三年级 82 名，四年级 110 名，五年级 115 名，六年级 103 名；男孩 236 名，女孩 174 名；他们的平均年龄 10.4 岁。检验表明，各年级取样不存在显著的性别差异。

研究采用小学生社会创造性倾向问卷和艾森克人格问卷（幼儿版，简称 EPQ）[①] 为研究工具。如前所述，小学生社会创造性倾向问卷主要用来考察小学儿童的社会创造性倾向，共包括威信、问题解决特质、出众性、坚毅进取性、交往能力、主动尽责性这六个维度。艾森克人格问卷（幼儿版）是中国广泛使用的人格量表。它主要用来考察儿童的个性或人格倾向。这份问卷适用于 7～15 岁的儿童，其中包括 3 个人格或个性维度和 1 个测谎维度，即精神质（P，Pychoticism）、内外向性（E，Extroversion-Introversion）、情绪稳定性或神经质（N，Neuroticism）与测谎或掩饰性（L，Lie）。分析表明，这份问卷同样具有良好的效度和信度（包括内部一致性信度和重测信度）。

研究结果表明，儿童的社会创造性倾向的各个维度（威信、问题解决特质、出众性、坚毅进取性、交往能力、主动尽责性）与其内外向性、神经质和精神质等人格特征之间具有十分密切的关系。社会创造性与精神质、神经质之间具有极其显著的负相关，社会创造性及其各个维度与内外向性之间均具有极其显著的正相关。由于内外向性得分越高表示儿童越外向，因而，这个结果意味着，儿童越内向，其精神质、神经质特点越明显，他们的社会创造性就可能越低。

---

① 龚耀先. 艾森克人格问卷（幼年版）[Z]. 湖南医学院，1983.

　　进一步分析表明，内外向性可以显著地影响儿童的社会创造性，外向性较高的儿童倾向于具有较高的社会创造性。另一方面，精神质对儿童的社会创造性具有消极的影响。精神质较高的儿童通常攻击性较强，对人冷漠，缺乏同情心，因而在精神质维度上得分较高的儿童，其社会创造性的发展水平通常较低。

　　研究把儿童分为三类——高社会创造性者、一般社会创造性者与低社会创造性者，比较创造性水平不同的儿童的人格倾向。分析表明，三类儿童的精神质和内外向性得分均存在显著的差异，低社会创造性的儿童的精神质显著地高于高社会创造性的儿童和一般儿童，高社会创造性的儿童和一般儿童在内外向性维度的得分都显著地高于低创造性儿童，而且，高社会创造性儿童显著地高于一般儿童，而高社会创造性的儿童与一般儿童的精神质没有显著的差异。这就是说，社会创造性较低的儿童的精神质倾向较高，更内向；相反，社会创造性高的儿童精神质倾向较弱，而且更外向。在中学生中，也发现了外向性对社会创造性的积极影响。这进一步印证了前面的结论，即社会创造性与一般的人格倾向之间存在密切的关系。

　　其他研究也得到了一些类似的结果。例如，有研究者研究了创造性与"大五"人格因素[①]之间的关系，发现外倾性、对经验的开放性与人们的创造性之间具有显著的正相关。事实上，那些具有突出的社会创造性的历史名人在儿童青少年时期通常也是比较外向、合群的，他们喜欢参与各种社会活动，他们的社会创造性就是在日常的社会活动和社会交往中逐渐发展起来的。[②]

　　我们知道，到学龄初期以后，同伴交往成为儿童社会交往的重要内容。那些精神质比较突出的儿童更可能受到其他儿童的排斥，他们参与各种社会活动和人际交往的机会也会大大减少。相应地，其社会创造性的发展也必然会受到消极的影响。另一方面，那些内向的儿童由于参与社会活动的兴趣较低，

①"大五"人格因素是关于人格结构的重要理论之一，它认为，人格主要可以分为五个维度：开放性、尽责性、外倾性、宜人性、神经质。
② 谷传华. 社会创造心理学［M］. 北京：中国社会科学出版社，2011.

社会活动的机会也相应较少。而且，在同伴交往中，内向和高精神质还可能带来不利的社交地位。对小学儿童进行的研究表明，那些精神质较高的儿童更容易欺负别人，成为欺负者，而比较内向的儿童更容易成为受欺负者。① 这样的社交地位极大地妨碍了儿童社会创造性的发展，使他们很难创造性地处理和解决人际交往中的各种问题，建立良好的人际关系。

相反，那些外向的、精神质较低的儿童，因为比较随和、友善、合群，参与各种社会活动的热情较高，能够积极地投入活动，所以往往拥有更多的锻炼机会，这促进了他们的社会创造性的发展。如前所述，社会创造性较低的儿童精神质较高，更内向，而社会创造性较高的儿童精神质较低，更外向。这证明了精神质与外向性对社会创造性的影响。另外，社会创造性的主动尽责性维度与神经质具有显著的负相关，它提示我们，情绪稳定性也会影响儿童在社会活动中的主动性和尽责性，不稳定的情绪会使儿童疏于社会交往，不利于其建立良好的社会关系，形成良好的社会交往技能。

另一方面，透过我们的研究，还可以看到社会创造性的领域特殊性。很多研究的确发现，高创造性的人通常具有某些典型的、相似的人格特点。例如，不同领域的高创造性的人通常都具有思维的开放性、求知欲强、情感丰富、独立自主、自信、勤奋等人格特点。但是，人们也发现，各个领域的高创造性者的人格各有特点。很多研究表明，艺术领域的创造性人才（艺术家）通常更容易冲动、焦虑、敏感，责任感更弱，他们常常不顺从习俗，喜欢独立，有时表现得很不友好，让人觉得不通人情世故。那些在科学研究中具有突出的创造性的人（科学家）通常比较内向，独立性强，不擅长人际交往。② 艾森克甚至认为，在科学或艺术领域创造性高的人通常具有明显的精神质倾向。③ 显然，这些研究结果可能反映了科学研究和艺术创作之于社会创造活动的不同：科学

---

① 谷传华，张文新. 小学儿童欺负与人格倾向的关系[J]. 心理学报，2003（1）：103-107.

② FEIST G J. The influence of personality on artistic and scientific creativity [M]// STERNBERG R J. Handbook of creativity. New York：Cambridge University Press，1999：273-296.

③ EYSENCK H J. Creativity and personality [M] // RUNCO M A. The creativity research handbook. New Jersey：Hampton Press，1997：41-66.

研究方面的问题客观上要求人们"沉思"；艺术创作则要求人们深刻地体会内心强烈而独特的情感。它们都需要勇于突破成规，独立而自由地表达自己的认识和体验，因而科学家、艺术家容易形成内向、不合群的特点，甚至给人以冷漠、精神质的印象。与此相反，社会创造活动客观上要求人们积极地参与社会交往，以适当、有效的方式解决各种社会性问题，建立所需的人际关系。对儿童来说，也只有通过积极而丰富的社会活动，才有可能培养起杰出的社会创造性，这必然会促使儿童向外向、随和或低精神质倾向发展。

很多研究都证明了这一点。有人研究了团体领导者的人格特点，发现团体领导者通常具有自信、价值观明确、目的性和责任感强等某些克里斯玛特性（charismatic attributes）；有效的领导者通常富有激情、情绪稳定、随和、尽责、富于智慧。① 类似地，擅长领导和社交的儿童通常能够积极地参与社会活动，主动地承担社会任务，表现出较高的支配性、自主性以及较强的社会适应能力，他们喜欢表现自己，比较自信。有研究者从社会性问题解决（social problem solving）的角度指出，社会性问题解决能力应当包括两种相对独立的成分——问题解决倾向与问题解决技能，积极的问题解决倾向（如解决问题时的挑战性、自信心和积极投入）以及理性的问题解决方式，有利于社会性问题的解决，而逃避性的或冲动莽撞的解决方式则妨碍社会性问题的解决。显然，具有明显的社会创造性的人更可能具有积极的问题解决倾向或人格特征。②

不仅如此，这项研究的结果还说明，外向性、低精神质可能是社会创造性的组成部分。实际上，对于人格与创造性的关系，心理学家持有不同的观点，有创造性与人格相互独立论、创造性与人格密切相关论和创造性包含人格论。我们认为，创造性应是由创造性的人格和动机、创造性认知等多个方面构成的

① GOETHALS G R. Presidential leadership［M］// FISKE S T，KAZDIN A E，SCHACTER D L. Annual review of psychology. California：Annual Reviews，2005：545-570.

② D'ZURILLA T J，NEZU A M，MAYDEU-OLIVARES A. Social problem solving：theory and assessment［M］// CHANG E C，D'ZURILLA T J，SANNA L J.Social problem solving：theory，research，and training. Washington：American Psychological Association，2004：11-27.

整体,创造性人格则是与人们的创造性观念和行为相联系的一系列人格特征的总和。如果把创造性作为一个系统来看待,特定的人格品质应当是创造性系统中的基本要素,它们突出地反映在高创造性的人身上。社会创造性也是如此。外向、较低的精神质倾向更可能是儿童的社会创造性系统的一个组成部分,即创造性人格部分。我们实际上是通过探索一般的个性或人格倾向(内外向性、神经质、精神质)与社会创造性的关系,找到与高社会创造性联系最密切的人格倾向或人格要素,为构建综合的社会创造性系统提供依据。

至此,人们不禁要问,这些研究结论的实践意义何在?它们为我们的教育带来了哪些启示?既然儿童的精神质对其社会创造性具有消极的影响,外向对儿童的社会创造性具有积极影响,那么,要培养和提高儿童的社会创造性,就需要降低儿童的精神质倾向,提高儿童的外向性。在教育过程中,我们可以通过培养积极的人格倾向提高儿童的社会创造性。这在同伴交往和社会活动日益频繁的学龄初期尤为重要。

另外,需要指出,在我们的研究中,我们选用了艾森克人格问卷评价儿童和青少年的人格特点,实际上这份量表是在具有生物学倾向的艾森克人格理论的基础上编制而成的。按照艾森克的人格理论,人格主要包括内外向性、神经质(情绪稳定性)、精神质三个维度。人们在这三个方面的特点主要反映了他们的生物学遗传素质。换言之,这些人格倾向有着特定的神经生物学基础。在此意义上,它们更多地反映了儿童和青少年的气质特征。

第二节　社会技能与儿童的社会创造性

毋庸讳言,社会创造性的发展对儿童适应社会生活、建立良好的人际关系具有重要的意义。那么,社会创造性是不是我们通常所说的社会技能呢?它们之间具有什么样的关系?

一、社会创造性与社会技能的差异

社会创造性与社会技能具有不同的内涵。如前所述，社会创造性是与艺术创造性和科学创造性相对的、人们在日常的社会交往和社会活动中表现出来的创造性，是人们以新颖、独特、适当而有效的方式提出和解决社会问题的一种品质。换言之，当一个人以前所未有（相对于自己或社会的历史而言）的、与众不同的、为大众所接受的方式成功地提出或解决了生活中的问题的时候，我们就可以说，他或她表现出了某种社会创造性。与此不同，社会技能是人们习得的、在特定社会情境中进行有效而适当的社会交往的行为方式。行为方式的适当性和有效性是社会技能的最重要的特征。人们在保护环境、处理冲突、帮助他人、表达情感、讨论问题，乃至进餐、游戏等活动中，都需要一定的社会技能。可以说，社会技能是人们社会生活必需的基本能力。但是，具有一定的社会技能，并不能确保人们具有社会创造性，正如一个人知道如何与人打招呼，但未必能与别人形成良好的关系一样。

社会创造性也不同于社会性问题解决能力，后者是人们解决自身的社会性问题、人际关系问题，以及群体和社会的重大问题时表现出来的综合能力，其中包括问题解决倾向与问题解决技能。人们常常把社会性问题解决能力看作社会技能的一种基本形式。社会性问题解决能力侧重对社会情境的一般应对能力，侧重问题解决方法的适当性和有效性。社会创造性则强调处理各种社会问题（包括个人的、非个人的社会生活问题以及群体和社会的问题）的方式的新颖性、独特性、适当性和有效性，其范围更广，综合性更强，包括了创造性的认知能力、思维方式和人格倾向等。

二、社会创造性与社会技能的关系

20 世纪六七十年代以来，心理学家们研究了儿童青少年的社会技能、社会性问题解决等方面的问题，包括社会技能的发展和培养、社会技能的理论和测评、社会技能的影响因素、社会性问题解决与社会适应的关系、社会性问题解决的理论和评价等问题。①② 这些研究探明了儿童青少年的社会技能和社会性问题解决特点，找到了一些可以促进其能力发展的方法或策略。还有的研究考察了成人群体的团体领导力和领导社交类儿童的人格特征等问题。③ 这些研究为儿童青少年社会创造性方面的研究奠定了基础。

20 世纪 80 年代以来，人们越来越强调创造性的系统性，认为创造性是融创造性思维、创造性人格、创造性动机和认知风格等方面于一体的系统，而创造则是这些创造性倾向与特定的环境因素相互作用的过程。如果把社会创造性看作一个系统，它与社会技能到底是一种怎样的关系？儿童社会技能的培养和训练措施能否用于提高社会创造性？有效地解决社会问题的儿童必然能创造性地解决社会问题吗？对这些问题的回答直接关系到儿童社会创造性的培养和教育方式。文献表明，在进入 21 世纪之后，尽管有少数研究涉及儿童社会创造性的发展和培养问题，但对社会创造性与社会技能的关系并没有深入的研究。

鉴于此，我们以学龄初期的儿童为研究对象，分析了社会创造性与社会技能的关系及这种关系对儿童创造性教育（创新教育）的启示。我们以班级为单位，从武汉市的普通小学选取了三至六年级小学儿童 410 名。

我们采用了小学儿童社会创造性倾向问卷考察儿童的社会创造性。如前所述，这份问卷共包括 6 个维度，即威信、问题解决特质、出众性、坚毅进取性、社会智力、主动尽责性，涉及创造性的社会认知能力、人格倾向、对社会情境的适应性等内容。同时，我们还采用了小学儿童社会技能教师评定量表评价了儿童的社会技能。这份问卷是在周宗奎编制的小学生社会技能教师评定量表④初稿的基础上修订而成的。原量表参照了国外相关的测查工具，结合

① 王美芳. 儿童社会技能的发展与培养［M］. 北京：华文出版社，2003.

② CHANG E C，D'ZURILLA T J，SANNA L J. Social problem solving：theory，research，and training［M］. Washington：American Psychological Association，2004.

③ GOETHALS G R. Presidential leadership［M］// FISKE S T，KAZDIN A E，SCHACTER D L. Annual review of psychology. California：Annual Reviews，2005：545-570.

④ 周宗奎. 儿童的社会技能［M］. 武汉：华中师范大学出版社，2002.

我国小学儿童的生活实际，编制了 120 个项目，内容涉及爱护环境、应付紧急事件、进餐行为、公共场合的活动、遵守课堂纪律、处理冲突、获得注意、问候他人、帮助他人、进行交谈、组织游戏、肯定和容忍他人、自由玩耍、物品处理、接受后果、意图认知、情感表达、自我接纳、责任行为、卫生行为、提问和答问、指向性行为、参与讨论、任务完成情况、遵从老师指令、群体趋向行为、独立工作、任务专注行为、礼貌、作业质量等 30 种社会技能，包括了环境相关技能、人际相关技能、自我相关技能和任务相关技能 4 个维度。修订以后的量表删除了区分度（即一个题目把社会技能水平不同的儿童区分出来的程度）较低的三项，包括两个主要的维度，即自我与人际相关技能、生活自理与环境相关技能。进一步分析表明，量表的各个维度以及总量表均具有较高的科学性，可以可靠而有效地测量儿童的社会技能。

在施测过程中，小学生社会创造性倾向问卷让儿童自己填写。儿童在每个题目的后面选出符合自己的实际情况的一项。小学儿童社会技能教师评定量表由熟悉本班学生的班主任根据儿童的实际情况对每个儿童进行评定。

结果表明，在总体上，小学儿童的社会创造性倾向与社会技能呈正相关关系，而且，除社会智力之外，社会创造性倾向的各个维度均同生活自理与环境相关技能、自我与人际相关技能具有显著的正相关。这也就是说，随着社会技能的提高，儿童的社会创造性也会相应增强。小学儿童的社会技能与社会创造性在性质上是类似的，社会创造性的发展和表现在一定程度上是以儿童特定的社会技能为基础的，二者具有一定程度的"重叠"。

应如何解释社会创造性与社会技能之间的这种关系呢？可以说，二者之间的这种关系主要是由小学儿童社会创造性与社会技能的内涵和外延所决定的，社会创造性包含了同伴影响力、问题解决特质、社会智力、出众性、坚毅进取性、主动尽责性等能力特征和人格倾向，而社会技能包括了一个人成功完成特定的社会任务的具体行为、发起和维持社会交往的能力，具体又包括合作、自信、负责、移情和自我控制等多种技能。显然，尽管社会创造性与社会技能所要求的能力水平并不相同，但二者都包含了解决社会性问题和社会交往方面的能力。这是二者相关显著的根本原因。

另一方面，二者又是不同的。如前所述，社会技能侧重一般应对能力，侧重解决问题的有效性和适当性，而社会创造性不仅反映了一个人社会性问题解决方式的有效性、适当性，而且反映了其思维的独创性、新颖性、流畅性，以及人格的冒险性、好奇性、挑战性等特点。这也是创造性系统的应有之义。斯滕伯格等人认为，创造性是智力、知识、思维风格、人格、动机与环境综合作用的结果。① 从系统的观点来看，社会创造性是从事社会活动的智力、知识与特定的思维风格、人格、动机等因素的统一体。社会技能更注重特定的社会交往知识在具体情境中的运用，如在课堂上按照特定的规则听讲，按照一定的方法处理同伴关系、解决人际冲突等，而不强调知识和智力的创造性运用。这可能是二者在很大程度上相互独立（社会技能只能解释社会创造性的部分变异）的重要原因，同时也可能是社会技能与高水平的社会智力关系不太密切的部分原因。

社会创造性与社会技能有所重叠又相互独立的关系启示我们，在创造性教育（创新教育）过程中，我们不应把社会创造性与社会技能混为一谈。一方面，我们可以通过提高儿童的社会技能，增强他们的社会创造性。另一方面，又要注意把二者区分开来，创造性教育与社会技能的教育、教学在目标、要求和方法等方面都具有明显的区别。

20世纪80年代以来，人们开展了众多的社会技能干预研究，对各类儿童进行训练，切实改善了儿童的人际关系和社会生活质量。由于社会创造性的发挥和表现也需要以特定的社会技能为基础，社会技能的提高和熟练应用势必会提高儿童的社会创造性水平。事实也证明，提高儿童的社会技能有助于提高儿童的社交地位和社会性问题解决能力。

但是，这并不意味着，社会技能训练必然会提高儿童在社会生活中的创造性，因为社会技能训练的基本目标在于教给儿童适当的人际交往方法，改善他

---

① STERNBERG R J, LUBART T I. An investment theory of creativity and its development [J]. Human development, 1991, 34（1）: 1-31. 另见：谷传华. 创造系统观及其对创造教育的启示[J]. 教育研究与实验, 2005（3）: 51-55.

们的人际关系，减少他们在社会交往中的认知、情绪和行为问题，它要求儿童按照特定的技法或规则去行动。社会创造性教育的目标则是激发儿童的挑战性、好奇性、冒险性等人格倾向和特定的动机，运用自身所具有的社会知识和智力资源，以新颖、独特、适当、有效的方式解决各种社会问题，进行社会生活。它不仅要求培养儿童特定的能力、人格、动机等个人品质，还要求创设有利于儿童创造性地解决社会生活问题的环境条件。在具体的方法上，社会技能的教育、教学更强调通过言语指导、榜样示范、演练和实践等方式传授特定的社会知识，促成儿童适当的社会行为，社会创造性教育则强调创设宽松的、鼓励性的家庭环境、学校环境和同伴交往环境，激励和增强儿童创造性地提出和解决各种社会问题的动机、人格倾向，改善儿童的认知风格或思维方式，使他们形成创造性地开展社会活动、解决社会问题的能力，它注重培养儿童发挥自身的智力潜能的主动性。我们的教育实验表明，在这种思想指导下的儿童社会创造性教育是可行的、有效的，可以切实提高儿童的社会创造性。①

　　如果不区分社会创造性教育与社会技能教育，则可能把创造性教育与技能训练混为一谈。在创造性教育中，有一种把创造教育等同于创造技能训练的错误认识，认为只要儿童掌握了一些创造的技法就能够进行创造，这显然忽视了创造性的系统性本质。社会创造性作为一种综合的品质，不能等同于社会技能，但是，我们可以在社会创造性教育中，充分发挥社会技能训练的作用。

第三节　孤独感与儿童的社会创造性

　　孤独感是人们的一种基本情感，它是人们在认识到自己当前所处的状态时产生的一种情绪或情感反应。通常，当自己与他人之间的稳定的社会关系

---

① 谷传华.小学儿童社会创造性倾向培养的实验研究［J］.教育研究与实验，2007（5）：67-
　　70.

受到威胁时，人们通常会产生这种认知和情绪的反应。① 儿童的孤独感既可能受到社会创造性的影响，也可能影响社会创造性。

一、儿童社会创造性与孤独感的关系

20 世纪 80 年代以后，以阿舍等人的研究为代表，小学儿童的孤独感及与之相联系的交友问题开始成为心理学的研究热点之一。国内外的有关研究发现，小学儿童中存在着相当普遍的孤独感，它与儿童在同伴交往中的地位、学业适应等学校环境因素密切相关。②③ 例如，有研究者发现，儿童的交友状况可以对他们的心理幸福感与自我价值感产生积极的影响，同时对克服他们内在的心理问题与孤独感也会产生积极的影响。④ 儿童较高的学业成绩也有利于提高他们的社会技能与同伴接纳水平，进而降低他们的孤独感。不难看出，儿童的孤独感与他们的社会交往情况直接相关。另一方面，儿童社会交往的质量与其问题解决的策略密切相关，他们创造性地解决日常生活中的各种问题，会直接影响他们的情绪和情感。⑤

儿童的社会创造性与他们的孤独感之间是一种什么样的关系？ 社会创造性的发展是否会影响他们的孤独感？ 或者说，在多大程度上会影响他们的孤独感？ 围绕这个问题，我们从普通小学随机选取三至六年级学生共 411 人，修

---

① 陈会昌，谷传华，贾秀珍，等 . 小学儿童的交友状况及其与孤独感的关系[J] . 中国心理卫生杂志，2004，18(3)：160-163.

② CASSIDY J，ASHER S R. Loneliness and peer relations in young children [J] . Child development，1992，63(2)：350-365.

③ MARGALIT M，BEN-DOV I. Learning disabilities and social environments：Kibbutz versus city comparisons of loneliness and social competence [J] .International journal of behavioral development，1995，18(3)：519-563.

④ CHEN X，LI D，LI Z，et al. Sociable and prosocial dimensions of social competence in Chinese children：Common and unique contributions to social，academic，and psychological adjustment [J]. Developmental psychology，2000，36(3)：302-314.

⑤ PAKASLAHTI L，KARJALAINEN A，KELTIKANGAS-JARVINEN L. Relationships between adolescent prosocial problem-solving strategies，prosocial behaviour，and social acceptance[J]. International journal of behavioral development，2002，26(2)：137-144.

订了阿舍等人1984年编制的儿童孤独量表（Children's Loneliness Scale），用以评定儿童的孤独感与社交不满程度。原量表包括24项（包括插入项与孤独感基本项目），从"始终如此"到"绝非如此"进行5级评分，具有良好的信度和效度。为了使问卷的结构更为合理，更适用于小学儿童，在进一步分析（探索性因素分析）的基础上，我们将问卷简化为自我孤立感（包括6项）、社会适应感（包括5项）、对同伴地位的自我评价（包括5项）三个维度。为便于学生回答，每个项目后的选项改为从"从不这样"到"完全是这样"5个等级。根据题目的意义，儿童在这份量表及其各个维度的得分越高，说明他们的孤独感水平越低。同时，我们采用了前面提到的自编的小学生社会创造性倾向问卷评价儿童的社会创造性。

分析显示，儿童的孤独感与其社会创造性存在显著的正相关，社会创造性状况可以在一定程度上影响儿童的孤独感。具体地说，儿童的交往能力、威信或同伴影响力均可以显著地影响孤独感，包括自我孤立感、社会适应感和对同伴地位的自我评价，即日常的交往能力越强，威信或同伴影响力越大，儿童的总体孤独感以及自我孤立感越低，社会适应感越强，对同伴地位的自我评价越积极。

上述结果与国内外有关的研究结果本质上是一致的。研究发现，在人际交往中，采用适当的、亲社会的适应策略的小学儿童更讨人喜欢，在同伴中的影响力较大，内部友谊动机和幸福感都比较强。[1] 有研究者指出，善交往的儿童更有可能主动地、熟练地获取社会支持，因而更可能具有社会安全感和积极的自我意象，而那些不善于社会交往、同伴地位较低的儿童恰恰相反。[2] 人本主义心理学家认为，孤独感是一个人对交友多少与交友质量的主观感受。一

[1] HAWLEY P H，LITTLE T D，PASUPATHI，M. Winning friends and influencing peers：Strategies of peer influence in late childhood [J]. The international journal of behavioral development，2002，26(5)：466-474.

[2] CHEN X，LI D，LI Z，et al. Sociable and prosocial dimensions of social competence in Chinese children：Common and unique contributions to social，academic，and psychological adjustment [J]. Developmental psychology，2000，36(3)：302-314.

方面，它是由人们对自己和他人的消极评价引起的；另一方面，它与人们缺乏基本的社会技能密切相关，当一个人的社会关系网络令他满意的程度低于他的期望时，孤独感就产生了。根据这种观点，人际交往能力较强、同伴影响力较大的儿童不易感到孤独。我们的分析也发现，三年级学生感受到的自我孤立感相对较强，而随着年龄的增长，尤其是到了高年级以后，随着亲密而稳定的友谊关系的形成，这种孤立感会显著下降。三年级儿童正处于适应社会关系的关键期。在这一时期，儿童虽然已经基本能够适应学习生活，但他们在自我意识、友谊关系、社会交往等方面仍然经历着重要的转折，他们自我意识迅速增强，正在发展但尚未形成亲密共享的、相对稳定的友谊关系。[①] 因此，这一时期的儿童很容易感到孤独。

显然，作为一种集独特性、适当性、流畅性、变通性等特征于一体的综合性的社会性品质，儿童的社会创造性倾向可以帮助他们创造性地解决各种人际冲突和社会生活问题，在人际交往（包括师生交往、亲子交往、同伴交往等）中选取适当、有效的社交策略，扩大他们的社交范围，提高他们在同伴中的社会地位，增强他们的社会适应感，最终避免孤独感及各种有关的消极情绪。因此，通过培养和提高小学儿童的社会创造性倾向，可以有效地改善他们的社会交往尤其是同伴交往，降低或消除他们的孤独感。当然，我们并不否认孤独感的积极意义，只是更强调通过提高儿童的社会创造性，减轻儿童极端的或有害的孤独感。

二、多种因素对儿童社会创造性的综合影响

除了上面提到的各个方面之外，还可能有多种个体因素直接或间接地影响着儿童青少年的社会创造性。例如，儿童的亲社会性（包括助人、分享、关爱他人等）、攻击性、移情、认知风格等都可能与社会创造性的发展密切相关，对社会创造性产生着这样或那样的影响。很多研究的确表明，儿童青少年拥有的多种个体特征（包括能力、气质、性格乃至身体特征等）都与他们的一般创造性的发展水平密切相关。因此，我们也可以假设，它们同样与社会创造性

---

① 林崇德. 发展心理学［M］. 杭州：浙江教育出版社，2002：331-359.

的发展具有密切的关系。

当然，上面提到的人格、社会技能、情绪或情感等因素并不是各自孤立起作用的，而是作为一个总体一起发挥作用的。因此，我们在理解这些因素对社会创造性的实际的作用或影响时，不能简单地、孤立地将某个因素的影响与其他因素的影响分割开来。只有这样，才更符合儿童青少年发展的实际情况。

儿童青少年自身具有的各种特征还可能与他们的生活环境相互作用，共同影响他们的社会创造性。对中学生的研究很好地说明了这一点。我们以初中和高中的学生为被试，采用前面提到的中学生社会创造性故事情境问卷为研究工具，考察了年龄、气质类型（个人因素）与奖励（环境因素）对他们的社会创造性表现的影响。结果表明，对初中生的参与提供奖励，会抑制他们的社会创造性的发挥，对高中生的参与提供奖励，则有利于激发他们的社会创造性。类似地，外部的评价（环境因素）也会对不同成就动机类型①（个人因素）的学生产生不同的影响。如果事先告诉被试，会让别人对他们回答问题的情况进行评价，那些避免失败型的学生提出的问题解决办法将大大减少，因为这种类型的青少年在生活中成就动机较低，在解决问题时往往缺乏挑战精神和自信心，面对要完成的任务时他们往往尽可能地避免失败的结局，以避免可能由此导致的消极的评价，而不是努力地追求成功的结果，提高自身的能力。对他们而言，外部的评价更可能是一种限制他们创造性的威胁性情境。

因此，儿童青少年的各种个体因素通常并不是孤立地起作用的，而是与各种环境因素紧密地交织在一起，对他们解决生活问题的创造性产生积极或消极的影响。显然，这种分析更符合儿童青少年的实际情况。

---

① 成就动机是在生活和工作中力求取得成就或成功的驱动力。当一个人追求成功的动机强于避免失败的动机、以获得成功为主要目标时，可以归为追求成功型；相反，当一个人避免失败的动机强于追求成功的动机、以避免失败为主要目标时，则可归为避免失败型。不同成就动机类型的个体在面对相同的任务时会有不同的反应，通常追求成功型的人更愿意接受挑战，而避免失败型的人倾向于回避挑战。

\ 第七章 \ 社会创造性的发展与家庭和学校的影响

大量研究表明，创造性的发展和培养需要支持性的环境，社会创造性的发展和培养亦然。家庭作为儿童最初的社会化场所，对儿童创造性（包括社会创造性）发展有着不可替代的作用。学校是儿童获得知识、技能和人格发展的另一个重要场所，它直接或间接地影响着儿童的社会关系，特别是同伴关系，影响着儿童社会创造性的发展。

第一节　家庭环境与社会创造性的发展

20 世纪 50 年代以来，人们广泛地研究了艺术领域和科学领域的创造性的影响因素，探讨了科学家、画家、音乐家等高创造性群体的发展过程。很多研究发现，儿童青少年创造性的发展与家庭环境、学校教育以及文化氛围都具有密切的关系。作为儿童青少年最初的社会化场所，家庭的作用显得尤其重要。研究表明，家庭的遗传史、父母的生育年龄、儿童的出生次序和性别、父母的职业或职位、家庭资源的数量和种类、宗教信仰等，都会影响到父母对孩子才能的认同，父母对孩子的鼓励、训练和指导也会受到相应的影响。① 这又会进一步导致他们创造性发展的差异。西蒙顿总结了有关的历史测量学研究，得到类似的结论：出生次序、智力的早熟、童年期的创伤、家庭背景、教育、专门的训练，以及角色榜样和导师是影响创造性发展的常见因素。② 他发现，高创造性的人大多是出生次序靠前的孩子（如长子）、智力早熟的孩子、具有良好支持性的家庭背景的孩子、在早期接受过专业训练的孩子、具有角色榜样和导师的孩子。

一、父母的养育方式与社会创造性的发展

不难看出，在影响社会创造性的多种因素中，父母的养育方式极其重要。很多研究显示，创造性人才的父母大多采取民主型的家庭教养方式，他们平等地对待孩子，遇事与孩子商量。③④ 通常，他们能够为孩子提供经验和进行创造活动的机会，保护孩子的兴趣，鼓励孩子的好奇心和求知欲，并注意发展孩子的独立性。这种环境无形中促进了孩子创造性人格的发展。

西蒙顿系统探讨了历史名人的成长历程，他发现，家庭环境实际上是"杰出才能发展的摇篮"，家庭培养了这些人最初的兴趣和动机，为他们创造了发展特殊才能的机会。⑤ 特曼等人关于智力超常儿童的大型追踪研究也证明了这一点。⑥ 他们发现，在超常儿童的发展过程中，家庭大多能给他们提供充足

① FELDMAN D H. The development of creativity［M］//STERNBERG R J.Handbook of creativity. New York：Cambridge University Press，1999： 169-186.

② SIMONTON D K. Creativity from a historiometric perspective［M］//STERNBERG R J.Handbook of creativity. New York：Cambridge University Press，1999： 117-133.

③ 董奇. 儿童创造力发展心理［M］.杭州：浙江教育出版社，1993： 174-191.

④ 张庆林，Robert J. Sternberg. 创造性研究手册［M］.成都：四川教育出版社，2002： 353-363.

⑤ SIMONTON D K. Greatness：who makes history and why［M］. New York，London：The Guilford Press，1994.

⑥ TERMAN L M，ODEN M H. Genetic studies of genius［M］. California，London：Stanford University Press，Oxford University Press，1947.

的智力发展的机会，鼓励和支持他们的发展。

为了进一步探明父母的养育方式的具体影响，我们以班级为单位，从武汉市普通小学选取三至六年级小学儿童363名。其中，男孩205名，女孩158名；三年级77名，四年级87名，五年级102名，六年级97名。采用了小学生社会创造性倾向问卷评价儿童的社会创造性，采用父母养育方式评价量表 [①] 评价父母对子女的教养态度和行为（包括父亲的养育方式与母亲的养育方式两个方面）。其中，社会创造性问卷包括六个维度，即威信或同伴影响力、冲突解决能力、出众性、坚毅进取性、社会智力、主动尽责性。父亲的养育方式包括情感温暖与理解、惩罚与严厉、过分干涉、偏爱、拒绝与否认、过度保护六个维度，母亲的教养方式包括情感温暖与理解、过分干涉与过度保护、拒绝与否认、惩罚与严厉、偏爱五个维度，它们各包括58个项目，每个项目后设"从不""偶尔""经常""总是"四个选项。

分析表明，对父亲养育方式而言，除坚毅进取性倾向与父亲偏爱的相关不显著之外，儿童社会创造性的各个维度及总分均与父亲的情感温暖、理解，父亲的偏爱呈显著或极其显著的正相关；另一方面，除了冲突解决能力与父亲的过分干涉、拒绝与否认呈微弱的正相关之外，儿童的社会创造性与父亲的惩罚与严厉、过分干涉、拒绝与否认、过度保护均呈负相关，社会创造性的总分和惩罚与严厉也呈显著的负相关。母亲养育方式与儿童社会创造性之间呈现出类似的相关模式。这意味着父母越是缺乏温情和理解，孩子的社会创造性越差；相反，父母对孩子的情感温暖和理解越多，孩子的社会创造性越高。进一步分析证明，父母的情感温暖、理解可以显著地影响儿童的社会创造性。对中学生的研究也得到了类似的结论，即父母的情感温暖和理解可以对中学生的社会创造性产生积极的影响，而母亲的严厉与惩罚则对中学生的社会创造性具有消极的影响。这意味着，父母对青少年的情感温暖和理解越多，对他们的严厉惩罚越少，青少年的社会创造性往往越高。

[①] 岳东梅．父母养育方式评价量表（EMBU）［M］//汪向东，王希林，马弘．心理卫生评定量表手册．中国心理卫生杂志，1999（13）．

在家庭中，父母的养育方式反映了父母与子女之间互动或相互作用方式，父母给子女的情感上的温暖和理解，甚至父母对子女的偏爱，体现了父母的宽容、民主和支持。正如已有的研究所表明的那样，在创造性儿童的家庭中，儿童一般拥有较多的独立性和自由，具有较多的解决问题的机会，父母大多采取民主型的家庭教养方式，具有民主、宽容而不是专断的行为风格。民主型的养育方式的基本特征是，父母与孩子平起平坐，父母遇事能够与孩子平等协商，尊重孩子的意见，不摆家长的架子，不以势压人。研究发现，在民主的家庭环境中，父亲倾向于鼓励孩子参与具有刺激性、挑战性和冒险性的活动，进行自由的探索，而母亲更注重通过言语与孩子进行交流。这种养育方式可以为子女提供足够的安全感，而这种安全感正是儿童进行自由探索的心理基础，也是其积极参与社会交往、创造性地解决各种社交问题的基本条件。反之，父母的拒绝与否认以及惩罚与严厉则反映了父母对子女行为的压制、否定，这样的环境会损害儿童探索社交问题的安全感和自信心，妨碍儿童社会创造性的发展。

在中国的文化背景下，父亲一般在家庭中占据相对主导地位，拥有更多的权威，严父慈母一直是中国家庭的主要教养方式，因而，父亲的情感温暖、理解可能意味着父亲更注重保护和培养孩子的自主探索精神，更能容忍和接纳孩子的独立性，而这正是儿童创造性地解决社会问题的重要条件。母亲的情感温暖、理解则可能进一步增强儿童探索社会情境的自信和安全感，而母亲的严厉、惩罚可能会打击孩子自信，限制他们的自主探索活动，进而阻碍其社会创造性的发展。

不同的养育方式对儿童产生的影响也取决于儿童所处的时代。在一个民主型社会，民主的养育方式更容易被儿童所接受；在一个权威型社会，权威式的、强调以理服人的养育方式更容易被儿童所接受；在一个专制型社会，强调严厉惩罚的养育方式未必对儿童产生多大的消极影响。对历史人物的研究也发现，严父慈母是中国近现代社会领袖们的父母在早期所采取的主要教养方式。[①] 在旧的家庭伦理占主导地位的时代，父亲的严厉更容易被儿童看作对子

---

① 谷传华.社会创造心理学[M].北京：中国社会科学出版社，2011：104-111.

女的关爱和保护,而母亲的慈爱和关怀往往为孩子提供了较大的活动自由。

在现代社会中,如果父母过分严厉,则意味着父母对子女的活动过分约束和限制。这显然不利于儿童社会创造性的发展。如果父母双方采取一致的养育方式,给予孩子较多的情感理解和温暖,就可以在更大程度上促进孩子社会创造性的发展。

精神分析心理学家埃里克森(E. Erikson)的心理社会理论认为,小学阶段的孩子人格发展的主要任务是形成勤奋感,从而避免自卑感。如果一个孩子在学业和社会活动中不断地体验到成功,他更可能形成勤奋感,否则容易形成自卑感。因此,在这一时期,父母为孩子创设充满情感温暖和理解的家庭环境,鼓励孩子积极地参与社会交往,创造性地解决社会问题,进行自由的、开放的探索,显得尤为重要。

早在1979年,米勒和杰勒德就在有关研究的基础上,总结了父母的态度和行为影响儿童创造性发展的典型方式:父母如果具有充分的个人安全感,不过分关心社会地位,比较轻松自由,相对忽略来自社会的压力,儿童就倾向于表现出较高的创造性;高创造性儿童的父母通常具有较高的智力和社交能力,在家里和外面都具有广泛的兴趣;创造性儿童的父母通常能够尊重孩子,相信孩子的能力,给他们足够的自由,期望他们把事情做好;在创造性儿童所生活的家庭中,婚姻关系和亲子关系并不是过分亲密;在亲子对立、父母拒绝和厌弃孩子的家庭中,儿童的创造性通常较低;在高创造性儿童的家庭中,父母不会对孩子保持高度的警惕,不会对孩子进行专制式的管教、支配和限制。米勒和杰勒德发现,在有关的研究中,上述结论具有高度的一致性。[①]

二、城乡环境与社会创造性的发展

人们经常说,城市的孩子与乡下的孩子差别很大。在城乡差距很大的中国尤其如此。大量的心理学、教育学和社会学的研究都充分地证明了这一点。

---

① MILLER B C, GERARD D. Family Influences on the development of creativity in children: an integrative review [J]. The family coordinator, 1979, 28(3): 295-312.

城乡环境是儿童生活的大环境，也是一个家庭所处的大环境。它构成了儿童个人和家庭生活的基本氛围，直接或间接地影响着一个家庭的世界观、人生观和基本的生活方式，也影响着生活于其中的儿童的价值观和行为方式，影响着他们的能力和性格。在社会创造性方面也是如此。儿童社会创造性的发展也受到儿童所处的城乡环境的影响，表现出某种城乡差异。

为了考察城市儿童与农村儿童社会创造性的特点及其差异，我们以整群取样的方式，从武汉市的小学和湖北省的农村小学选取三年级至六年级小学儿童 600 名作为研究对象，其中，城市儿童 411 名（男生 236 名，女生 175 名），农村儿童 189 名（男生 102 名，女生 87 名），采用小学儿童社会创造性倾向问卷，测量儿童的社会创造性。

结果显示，城乡因素对儿童社会创造性的发展具有显著的影响，特别是对威信或同伴影响力、出众性、坚毅进取性、社会智力、主动尽责性等方面的影响更明显。另外，在威信或同伴影响力维度上也具有显著的"性别效应"。通过进一步分析，我们发现，城市小学儿童社会创造性的得分显著地高于农村儿童。另一方面，生活在城市中的女孩的社会创造性稍高于男生，而生活在农村的女孩与男孩并没有显著的差异。也就是说，城市小学的女生在社会创造性方面具有相对明显的优势。

自 20 世纪 50 年代以来，有关创造性的研究一致表明，创造性受到个人因素与环境因素的共同影响。①② 其中，个人因素包括智力、知识、认知风格、人格和动机等，而环境因素包括物质环境、家庭、学校或工作场所、行业和文化等。处于不同社会阶层的家庭，其子女的创造性行为具有明显的差异，与普通家庭的孩子相比，来自中产阶层家庭的男孩通常违背家庭价值观的行为较多。相对而言，这些家庭对男孩的反叛行为的限制也较多。③ 奇凯岑特米哈伊也指

---

① FELDMAN D H. The development of creativity［M］//STERNBERG R J.Handbook of creativity. New York：Cambridge University Press，1999：169-186．

② LUBART T I. Creativity across cultures［M］//STERNBERG R J.Handbook of creativity. New York：Cambridge University Press，1999：339-350.

③ 张文新，谷传华.创造力发展心理学［M］.合肥：安徽教育出版社，2004：155-156.

出，物质环境的丰裕程度、社会经济发展水平会影响到人们创造性的程度，物质丰裕的环境更有利于创造性。①

显然，社会创造性的发展可能受到多种环境因素包括文化因素的影响。跨文化研究表明，文化价值观影响着人们对创造性的看法，影响着创造活动的过程和表现，也影响着人们对待创造性的态度和行为方式。②另一方面，文化又常常是以社会阶层或地缘政治边界来区分的。③目前我国城乡差异在很大程度上代表着社会经济地位的差异，也代表着文化的差异，包括城乡居民在认知、行为、风俗、价值观等方面的差异。

相对农村儿童，城市儿童通常能在家庭、学校乃至社会拥有更丰富的物质资源，接受更高质量的或相对全面的教育。同时，城市与农村还是两种截然不同的文化背景或生活环境。城市人口相对集中，人际互动更为频繁，儿童通常拥有更多的观察和解决各种社会性问题的机会。相反，农村人口相对分散，儿童与成人以及儿童之间的社会交往频率相对较低，锻炼、发展和表现其社会创造性的机会相对较少。更为重要的是，在社会经济地位相对较低的农村，受消极教育观的影响，人们更可能重视儿童的智育，而相对轻视社会生活方面的教育和全面发展。这可能是导致上述城乡差异的主要原因。

另一方面，与农村小学儿童不同，城市小学的女生在威信或同伴影响力、出众性等维度上的得分显著高于男生。城市小学女生的这种优势很可能与她们在身体发育、语言表达、自我意识等方面相对"超前"有关，在青春期之前，女生通常更容易自我接纳，更自信。④她们更可能积极地参与社会活动，拥有

① CSIKSZENTMIHALYI M. Implications of a systems perspective for the study of creativity[M]//STERNBERG R J.Handbook of creativity. New York：Cambridge University Press，1999：313-338.

② 申继亮，赵景欣.创造力的跨文化研究及其对我国教育改革的启示[M]//中国心理学会.心理学学科发展报告.北京：中国科学技术出版社，2007：79-86.

③ 斯滕博格.创造力手册[M].施建农，等，译，北京：北京理工大学出版社，2005：279-288.

④ 林崇德.发展心理学[M].杭州：浙江教育出版社，2002：338-344.

更多的组织、领导和解决社会性问题的机会，因而她们的社会创造性相对"超前"。但是，农村仍然存在比较严重的性别歧视，这种价值观可能压抑了女孩社会创造性的发展，从而消除了男孩与女孩在社会创造性方面的性别差异。

上面的结果提示我们，在实际的教育过程中，教育者如果有的放矢，从客观存在的城乡差异出发，对农村儿童与城市儿童采取有针对性的教育措施，可能会有更明显的效果。具体地说，在农村，应当鼓励儿童的社会交往和社会互动，丰富他们的社会活动经验，为他们提供更多的解决社会生活问题的机会，同时培养他们的社交技能，提高他们解决各种人际冲突的能力，尤其要避免片面注重智育、性别歧视等不良的倾向。在城市，要清楚地认识到儿童在某些方面客观存在的性别差异，应当有意识地增强男孩的社会创造性，增加男女儿童共同参加社会活动的机会，促进他们的创造性的和谐发展。

尤其需要指出的是，无论城市儿童，还是农村儿童，都需要进行创造性生活教育。创造性生活教育旨在让儿童学会创造性地生活，形成创造性生活的能力和人格倾向。它不同于生活技能或社交技能教育，后者侧重外在的行为技能训练，创造性生活教育则重视行为技能在日常生活中的创造性应用，让儿童学会创造性地（以新颖、独特、适当而有效的方式）解决生活中的各种问题或冲突。它立足于儿童的日常生活，而又服务于儿童的日常生活，因而可以说是日常生活中的创造教育。

长期以来，在创造教育中，我们十分重视对发散思维能力的培养，但缺乏创造性生活教育的内容，这不能不说是创造教育的缺憾。近年来屡次出现的儿童青少年打架斗殴、辍学、离家出走乃至自杀、杀人等消极事件，很大程度上是因为儿童青少年不能很好地处理同学或朋友关系、师生关系、亲子关系，不能有效地解决同学或朋友冲突、师生冲突、亲子冲突，而这又与缺乏创造性生活教育有关。创造性生活教育就是要让儿童学会创造性地处理生活中的问题。我们的研究表明，在对儿童进行干预的同时，综合干预儿童生活的家庭环境、学校环境的方案可以有效地促进儿童社会创造性的发展,改善他们的人际关系。①

第二节 学校环境与社会创造性的发展

创造性的发展与学校教育之间的关系一直是创造性研究的重要内容。尽管有关研究的结论并不完全一致,但目前人们倾向于认为,教师、学校或其他可以为个体的创造性活动提供准备条件的人或机构对一个人创造性的发展和展现十分重要,这在各个领域中都是如此。在学校中,儿童不仅拥有各种各样的同伴关系,还需要与教师建立起特定的师生关系。此外,他们在学校的学习生活也直接或间接地影响着他们人格和创造性的发展。

一、教师领导方式与社会创造性的发展

在学校教育的多种因素中,教师领导方式起着重要的作用。卢因和怀特等人在其经典研究中根据教师的行为特征把教师领导方式划分为强硬专断型、仁慈专断型、放任自流型、民主型等类型。他们发现教师的作风和领导行为影响着学生的反应,在民主型教师的影响下,学生的学习兴趣浓厚,学生能够相互合作、相互鼓励,富于探索精神和创造性。通常,民主型的教师能够鼓励学生的创造性行为,让班级形成良好的心理气氛。克罗普利指出,"促进创造型"教师通常鼓励学生独立学习和进行创造性的尝试,鼓励学生进行自我评价,他们采取师生合作的教学方式,延迟对学生思想的判断,善于采纳学生的建议,为学生提供探索的机会,帮助学生应对挫折或失败。② 研究者发现,有利于儿童创造性发展的教师通常能理解、接纳、关注、尊重、鼓励儿童的创造

---

① 谷传华. 小学儿童社会创造性倾向培养的实验研究[J]. 教育研究与实验,2007(5): 67-70.

② CROPLEY A J. Fostering creativity in the classroom: Gneneral principles [M]//RUNCO M A. The creativity research handbook. New Jersey: Hampton Press,1997: 83-114.

性思想和行为，为儿童创设激励性的学习环境。① 中国台湾学者的研究也得到了相似的结论。②

同样，一个人的社会创造性与他的学校环境具有十分密切的关系。对中国历史上社会名人的研究显示，一个人的社会创造性与他的受教育经历密切相关，各个时期（包括童年和青少年时期）的创造性人格均与受教育经历之间存在显著的相关。③ 有研究者指出，班级气氛也可能对儿童的社会创造性产生重要影响。④

我们近年来开展的研究也证明了学校环境，特别是教师领导方式，对儿童社会创造性的影响。我们随机选取 411 名小学儿童，以自编的小学儿童社会创造性倾向问卷和教师领导方式访谈为评价手段，详细地分析了儿童的社会创造性与教师领导方式的关系。结果显示，儿童的社会创造性倾向与教师的放任呈显著的负相关，而与教师的民主呈正相关，教师的放任对儿童的社会创造性具有负面的影响，而教师的民主对儿童的社会创造性具有正面的影响；处于民主温暖型领导方式中的儿童的社会创造性（特别是问题解决特质、主动尽责性）显著地高于处于民主高控型领导方式中的儿童。也就是说，民主的教师领导方式尤其是民主温暖型的教师领导方式更有利于儿童社会创造性的发展，而放任的领导方式不利于社会创造性的发展。

采用放任式的领导方式的教师缺乏与学生交往的信心，没有主见，无明确的目标，不参与学生的活动，也不能为学生提供支持和鼓励。在这种领导方式下，学生缺乏明确的是非判断标准，不能进行有效的合作，常常感到无所适从。显然，在放任的教师领导下，儿童难以建立和谐的人际关系，极易对社会交往中的各种问题感到束手无策。由于缺乏是非标准，他们也难以保证行为的有效性、适当性。在教师影响显得日益重要、正处于道德发展关键期的小学阶

① 乔·卡特纳.培养天才儿童的创造力［M］.上海：上海译文出版社，2000：228-231.
② 陈龙安.创造性思维与教学［M］.北京：中国轻工业出版社，1999：39-50.
③ 谷传华.社会创造心理学［M］.北京：中国社会科学出版社，2011：102-103.
④ MOUCHIROUD C，LUBART T I. Social creativity：a cross-secitonal study of 6-to 11-year-old children［J］. International journal of behavioral development，2002，26（1）：60-69.

段，放任的教师很难给予儿童解决各种社会问题所需要的知识、观念和能力；而且，教师本人的行为可能成为学生的负面榜样，儿童的社会创造性很难得到充分发展。

相反，有民主式的领导方式的教师能够与学生进行积极的互动，能够参与班集体的决策和计划的制订，鼓励集体的活动，客观评价学生，因材施教，给个别学生以必要的指导、鼓励。显然，这些行为更可能促进学生之间、师生之间积极的社会交往，使学生形成明确的是非标准，增强学生解决各种社会问题的兴趣、自信和责任感，激发学生主动提出解决问题的方法。这种兴趣、自信、主动性和能力可以进一步"泛化"到更广泛的同伴交往、亲子交往中去，从而促进其社会创造性的发展。研究发现，促进学生创造性发展的教师态度是：给学生选择的自由，促进学生自信心的建立，尊重学生，不强制学生，给学生发现自己创造性的机会；强制性的教师则会抑制学生的创造性。[1] 吴武典认为教师的民主行为对学生的内制信念、成就动机和人格适应有积极影响，而教师的权威和放任行为对学生的内制信念、成就动机和人格适应的积极影响则较小，甚至产生消极影响。[2]

中国大量研究发现，我国中小学教师的领导方式基本属于专断型，教师对民主的认识与理解比较肤浅，在教学实践中教师依然是权威专制的象征。[3] 实际上，我国中小学教师的专断主要是一种仁慈的专断，他们能够关心、表扬学生，但以自己为班级一切工作的标准，这种领导方式与长期以来我国占主导地位的教育观、教师价值观和社会文化背景是一致的。近年来，随着教育观念的更新，一些教师的民主领导倾向增强，这促成了专断倾向与民主倾向相"融合"的领导方式，仁慈专断倾向与民主倾向"融合"而成的民主温暖型领导方式可以为儿童带来某种情感温暖和心理上的安全感，不会阻碍甚至会促进社

---

① FLEITH D. Teacher and student perceptions of creativity in the classroom environment [J]. Roeper Review，2002，22(3)：148-153.
② 吴武典. 教师领导行为与学生的期待、学业成就及生活适应[J]. 教育心理学报，1978(11).
③ 皮连生. 教育心理学[M]. 3版. 上海：上海教育出版社，2004：364-367.

会创造性（包括解决社会问题的能力、主动性和责任感）的发展；相反，由强硬专断与民主倾向"融合"而成的民主高控型领导方式以高控为根本特征，教师严厉监督、控制学生，对学生很少表扬和鼓励，容易导致学生的依赖性和推卸责任的行为，不利于学生主动性和责任感的发展，抑制了学生解决社会问题的能力。另一方面，这种领导方式由于同时强调对学生的监控与师生之间的合作和互动，也可能促进儿童社会交往能力包括师生交往能力的提高。

近年来，中国小学的师生关系也发生了明显的变化，有研究表明，我国小学三年级至六年级学生对教师的遵从呈下降趋势，学生不再无条件地服从、信任教师。[①] 这也可能在一定程度上降低了强硬专断对儿童社会交往和社会创造性的消极影响；而且，教师的强硬专断可能促使小学儿童寻找更多的参与课外或校外交往和社会活动的机会，以满足自身社会交往的需要。在目前的教育教学中，仍然存在着偏重学业成绩而忽略社会活动及其他方面的倾向，教师的民主可能主要反映在学科学习中而不是平时的社会活动中，也可能主要影响了少数学习成绩较好的学生而不是全体学生，而大多数需要在社会交往方面得到引导的小学生，不能得到有效的教育，从而降低了民主领导的积极效应。这可能是导致交往能力与强硬专断呈正相关，而与民主呈负相关的重要原因，也可能是本研究中教师的民主与小学儿童社会创造性倾向总体得分相关未达到显著水平的重要原因。

二、同伴关系、学业成绩与社会创造性的发展

学校是儿童重要的生活环境，儿童在学校中的同伴关系、学业成绩都可能影响儿童创造性的发展和表现。良好的同伴关系可以为儿童提供足够的安全感及相互沟通、学习创造方法和技能的机会，而同伴群体带来的从众压力也可能对儿童创造性的发展产生消极的影响。小学儿童中存在的创造性测验成绩"四年级下降"现象就可能是由这一时期儿童试图与同伴保持一致导致的。许

---

① 董莉，沃建中. 3～6年级小学生人际交往发展特点的研究[J]. 中国临床心理学杂志，2005（1）：45-47.

多心理学家认为，这种不断增加的保持一致的压力，会降低儿童在探索活动中的冒险性。①

同伴关系不仅会影响一般的创造性思维测验成绩，而且会影响儿童的社会性问题解决过程。同伴地位较高的小学儿童，尤其是受欢迎儿童在解决社会性问题的过程中所采用的问题解决策略更有效、更适当，被拒绝儿童在社会交往中表现出更高的依赖性，不受欢迎儿童在发动交往时比受欢迎儿童困难更多。②③

创造性与学业成绩的关系也是近年来研究者关注的焦点之一，但有关研究的结论并不一致。概括而言，国内外有关研究的结论可以分为两类：一是创造性与学业成绩之间无显著相关；二是创造性与学业成绩之间存在显著相关。周宗奎等人研究发现，小学儿童的社会能力可以显著地影响其六个月后的学业成绩。④ 可以推断，创造性与学业成绩之间的关系可能受到创造性测量的内容、创造活动的领域、研究对象等多种因素的影响。而且，二者之间还可能存在某些中介变量，包括学校中的学习气氛、教师风格、年级和课程要求、人格和社会环境等变量，换言之，儿童的创造性可以通过这些因素间接地影响他们的学业成绩。

为了考察学校环境中儿童的社会创造性与他们的同伴关系、学业成绩的关系，为儿童社会创造性的培养或干预提供相应的理论依据，我们近年来从普通小学抽取 387 名三年级至六年级儿童作为研究对象，进行了细致的分析。在研究过程中，我们考察了儿童被同伴接纳或喜欢的程度（社会喜好）、在同伴中的影响（社会影响）等方面的同伴关系。结果发现，儿童的社会创

---

① RUNCO M A. CHARLES R E. Developmental trends in creative potential and creative performance［M］//RUNCO M A. The creativity research handbook. New Jersey：Hampton Press，1997：115-153.

② 周宗奎，林崇德. 小学儿童社交问题解决策略的发展研究［J］. 心理学报，1998，30（3）：274-280.

③④ 周宗奎，李萌，赵冬梅. 童年中期儿童社会能力与学业成就的交叉滞后研究［J］. 心理科学，2006（5）：1071-1075.

造性与他们的学业成绩和同伴接纳程度、在同伴中的社会影响具有显著的正相关关系；社会喜好在社会创造性倾向与学业成绩之间、学业成绩在社会创造性倾向与社会喜好之间、社会创造性倾向在社会喜好与学业成绩之间均具有显著的中介效应，同伴中的社会影响在社会创造性对学业成绩的影响中具有显著的调节作用。换言之，儿童的社会创造性会通过社会喜好间接影响他们的学业成绩，也会通过学业成绩间接地影响他们的社会喜好。类似地，儿童的社会喜好可以通过社会创造性间接地影响他们的学业成绩；另一方面，在同伴中具有不同影响程度的儿童，其社会创造性对学业成绩的影响也是不同的。

周宗奎和林崇德发现，在社会交往中，与那些不讨同伴喜欢的儿童相比，讨同伴喜欢的儿童通常能提出更有效、更适当的问题解决策略。[1] 同时，这种良好的同伴关系又与他们相对较好的学业成绩相联系，学业成绩好的儿童更容易得到同伴的认可和欢迎，更容易形成良好的同伴关系，外部的行为问题较少，对自己的学习能力持有积极的看法。[2][3] 同伴对经常遭到拒绝的儿童的消极评价与儿童自身的学业成绩也是密切相关的。一方面，较低的学业成绩是同伴评价较低或同伴拒绝与之交往的原因；另一方面，同伴的拒绝或消极评价又会进一步导致学习兴趣的降低和同伴支持的减少，进而导致学业成绩的降低。因此，与那些缺乏社会交往的能力和机会的不受欢迎儿童相比，拥有更多的社会活动机会、能积极解决社交冲突的受欢迎儿童，其社会创造性通常更高。

研究发现，学业能力可以影响同伴接纳，进而影响儿童的孤独感，学习成

---

① 周宗奎，林崇德. 小学儿童社交问题解决策略的发展研究[J]. 心理学报，1998，30（3）：274-280.

② CILLESSEN A H N，MAYEUX L. Expectations and perceptions at school transitions：the role of peer status and aggression［J］. Journal of school psychology，2007(45)：567–586.

③ HUGHES J N，ZHANG D. Effects of the structure of classmates' perceptions of peers' academic abilities on children's perceived cognitive competence，peer acceptance，and engagement［J］. Contemporary educational psychology，2007(32)：400–419.

绩较差或学习困难的儿童往往同伴地位和人际问题解决能力都较低。①② 同时，在学校适应困难、问题行为较多的儿童通常学习成绩也较差，问题行为多的儿童对他人的情绪理解能力明显较低。③ 在社会交往中，能够以新颖、独特、适当而有效的方式解决各种社交问题的儿童显然更容易获得同伴的认可和喜爱，形成良好的同伴关系，他们也更容易在学习过程中获得同伴、教师和父母的支持和帮助，能更好地利用各种社会资源，因而更可能获得良好的学习成绩，而良好的学习成绩反过来又是他们受到同伴喜爱的基本原因。在我国现行教育体制下，人们普遍看重学生的学习成绩和思维能力，学习成绩好的学生更可能受到教师和同学的积极评价。④ 这有利于促成他们积极的自我概念，他们也因而更可能通过积极的社会交往获得较高的同伴地位。另一方面，为同伴接纳的儿童可能拥有更多的社会活动机会和解决社会问题的机会，具有更强的社会参与的自信，其社会创造性水平可能更高，而社会创造性所包含的发散思维能力与冒险性、挑战性、好奇性、想象力等人格倾向也可以在一定程度上促进儿童学科知识的学习，提高其学习成绩；但社会创造性作为社会活动领域中的一种特殊的倾向或品质，它并不等同于也不能涵盖儿童的学科学习能力。

我们发现，儿童的社会创造性对学业成绩的影响主要表现在高社会影响组的儿童中。这可能与高社会创造性儿童固有的特点有关。高社会创造性

① SILVER D S, YOUNG R D. Interpersonal problem-solving abilities, peer status, and behavioral adjustment in learning disabled and non-learning disabled adolescents [J]. Advances in learning & behavioral disabilities, 1985(4): 201-223.

② SHIN Y. Peer relationships, social behaviours, academic performance and loneliness in Korean primary school children [J]. School psychology international, 2007, 28(2): 220-236.

③ ROBERTSON L M, HARDING M S, MORRISON G M. A comparison of risk and resilience indicators among latino/a students: differences between students identified as at-risk, learning disabled, speech impaired and not at-risk [J]. Education & treatment of children, 1998, 21(3): 333-353.

④ 申继亮, 赵景欣. 创造力的跨文化研究及其对我国教育改革的启示 [M]// 中国心理学会. 心理学学科发展报告. 北京: 中国科学技术出版社, 2007: 79-86.

儿童参与同伴交往和社会活动的频率往往较高，出众的问题解决能力和人格特点更容易使他们在同伴群体中产生较强的社会影响，因而高社会影响组的儿童更可能表现出较高的社会创造性水平，社会创造性倾向对学业成绩的影响也更可能表现在高社会影响组中而不是一般组和低社会影响组的儿童中。

进入学龄期以后，系统的学习成为儿童的主导活动，其社会交往也更密切，同伴影响进一步增强，儿童此时所表现的社会创造性倾向也日益明显，相应地，儿童的社会创造性与学业成绩、同伴关系之间的相互影响也变得更明显、更复杂。正如我们所发现的那样，社会创造性、社会喜好、学业成绩三者是相互影响而且互为中介的，而不是某种单向的决定和被决定、影响和被影响的关系。显然，这更符合儿童生活的实际情况。另一方面，这种相互影响也说明，可以通过它们之间的相互影响，改善儿童的同伴关系，提高儿童的社会创造性和学业成绩。当然，对于不同年龄的儿童，他们之间的关系可能有所不同。教育者应根据儿童所处的年龄阶段和心理发展水平，综合考虑他们所在的学校环境的特点以及宏观的社会氛围，进行系统的干预。这样，才能收到预期的效果。

\ 第八章 \ 儿童青少年社会创造性的发展与文化

宏观的社会文化环境构成了儿童青少年创造性发展的价值观氛围，它直接或间接地影响着儿童青少年社会创造的内容和形式。

第一节　文化对创造性的影响

根据美国心理学家尤里·布朗芬布伦纳（Urie Bronfenbrenner）的观点，社会环境实际上是儿童生态环境中的"宏系统"，它间接影响儿童心理的发展，当然，也间接影响儿童社会创造性的发展。其实，除了这种间接的影响，文化还可能通过作为文化载体的成年人与各种文化符号（语言、艺术作品等）直接影响儿童社会创造性的发展。

一、不同文化中的创造性

在心理学意义上，文化可以理解为某个特定的群体（某个国家、民族或单位等）共有的风俗、认知、价值观、行为规则以及人们所使用的符号系统。通常，一种文化又可以分为不同层次的亚文化。心理学研究充分证明，在不同的文化中，人们在创造性观念、创造过程、创造性的形式和领域、创造性的培养方式和发展环境等方面都有着显著的差异。

就人们对于创造性的看法来说，尽管东西方文化都强调创造性是在个人发挥足够的积极性、努力追求之后获得的，是个人积极建构的结果，但是，西方文化更强调外在的标准，而东方文化更强调内在的标准。

在西方文化中，人们通常把创造性看作一种产品的特征，只要这种产品的创造性得到他人特别是同行和专家的认同，就可以看作是创造性的产品。在此意义上，创造性常常是社会评价的结果。因此，一个人有没有创造性，要看他或她是否有相应的作品或产品，这种产品可以是物质的，如科技发明物，也可以是精神的，如新理论、新观点、新方法。当然，这种产品的创造性（包括独特性、新颖性和价值）应能得到社会的认可。在这种情况下，才能说这个人是一个有创造性的人，他或她的产品是有创造性的产品。无论是科学家和发明家，还是画家和音乐家，都是如此，他们需要凭借其作品而得到是否具有创造性的评价。

与此不同，在东方文化中，创造性常常被看作是一种自我实现的状态，人们认为创造性是人的内在潜能或本性的表现。在中国传统文化中，一幅杰出的绘画和书法作品，常常被认为是画家人格和技能的统一体现，杰出的文学作品也常常被看作作家人格和个人境界的外显。在印度文化中，创造性被看作精神信仰或宗教的表现。在创造过程中，人们甚至会去求助于"创造之神"，以获得创造的灵感和力量。

就创造过程来说，东西方文化也存在巨大的差异。在西方文化背景下，人们倾向于从认知过程入手划分创造活动的阶段。例如，沃拉斯在分析问题解决过程的基础上，将创造过程依次划分为四个阶段：准备期、酝酿期、豁然开朗期、验证期。准备期是分析问题和初步尝试的阶段，酝酿期是对问题进行不间断地、无意识加工和思考的阶段，豁然开朗期是突然获得有价值的想法的阶段，验证期是对既有方法进行评价、提炼的阶段。显然，这种观点是以理性的问题解决为导向的。但是，在东方文化背景下，人们更强调创造过程中的情感因素，强调个人的冥想和顿悟。艺术家通常通过冥想等方式获得创作的灵感，然后进行创作。显然，这种观点不是以问题为导向的，而是以个人为导向的，它更强调非理性的过程，包括直觉、灵感和顿悟。

当然，这并不意味着中国的儿童青少年在各个方面都不如西方的儿童青少年。相反，在创造性的某些具体方面，中国的学生甚至略胜一筹。例如，林崇德等人的研究表明，中国的青少年在科学问题的提出和解决能力方面要高于英国和德国的青少年。[①]这说明，文化对创造性的影响常常是具体而复杂的，不能一概而论。

二、不同文化中的社会创造性

在社会创造性方面，人们也表现出明显的文化差异。在东方文化背景下，人们倾向于把自己放在一个集体中，在面临社会生活中的问题时，他们通常做出人际关系导向的反应，也就是倾向于维持良好的人际关系，或者较多地考虑他人的感受。与此不同，在西方文化背景下，人们更看重自身的感受，注重自主、独立、个人的权利和尊严，在面对问题时更可能做出个人导向的反应。在跨文化研究中，我们也发现，中国儿童与美国儿童在解决生活中的社会性问题时表现有所不同。相对而言，在面临人际关系冲突（包括同伴冲突、亲子冲突）时，美国儿童更喜欢采用平等协商和说服的方法解决问题，他们强调自己的权利和感受，而中国的儿童更注重人际关系的维持，更喜欢采用协商和顺从、求情、条件交换等策略解决问题。从下面的几段对话中，我们可以清楚地看到这些差异。

下面是研究者与一个中国儿童关于亲子冲突的一段对话：

问：假设有一天你在自己家里，这时正好有一个非常好看的电视节目，你问爸爸妈妈："我可以看电视吗？"但他们说："不行，时间太晚了，你必须去睡觉。"这时你会怎么办？

答：我觉得应该去睡觉。

问：为什么呢？

答：因为爸爸妈妈是为我好。

问：假设这个节目很好看，今天不看明天就没有了，那你怎么让

① 林崇德.创新人才与教育创新研究［M］.北京：经济科学出版社，2009： 147-193.

他们同意呀？

答：我可以向他们保证我明天早晨可以起很早。

问：还有别的办法吗？

答：还可以跟他们谈一下，说这个电视很好，就让我看一小会儿。他们也许会答应的。

面对同样的亲子冲突问题，美国儿童倾向于做出不同的回答：

问：假设有一天你在自己家里，这时正好有一个非常好看的电视节目，你问爸爸妈妈："我可以看电视吗？"但他们说："不行，时间太晚了，你必须去睡觉。"这时你会怎么办？

答：我会说，如果你不让我看，我在学校会表现很差的。我会问他们："可以不可以 30 分钟以后再去睡觉？"

下面是研究者与一位中国儿童进行的关于同伴冲突的一段对话：

问：假设有一天，你和你的一位好朋友在一起，他想玩一种游戏，而你想玩另外一种游戏。这时，你会怎么办？

答：应该让着朋友，先玩他的游戏，再玩我的游戏。

问：如果当时你很想先玩你的，那你怎么让他同意先玩你的游戏呢？

答：先玩一小会儿我的游戏，等会玩你的游戏时我会多玩一会。

问：还有别的办法吗？

答：找一些人来做他的工作。

面对同样的同伴冲突问题，美国儿童倾向于做出另一类反应：

问：假设有一天，你和你的一位好朋友在一起，他想玩一种游戏，而你想玩另外一种游戏。这时，你会怎么办？

　　答：我会先玩他的游戏，然后玩我的。我会问："我可不可以玩自己喜欢的游戏，你玩你喜欢的游戏，然后再一起玩你喜欢的所有游戏？"

　　显然，中美儿童虽然解决问题的出发点是相同的，都是为了找到适当而有效的解决办法。但是，中国儿童更注重他人的感受，注重维持良好的人际关系；美国儿童更注重个人的感受和独立性，希望在这一基础上与别人达成某种妥协。这种差异反映了注重集体和人际关系的东方文化与注重个人权利的西方文化之间的差异。在解决社会性问题的过程中，文化价值观制约着人们面对问题时的反应倾向，也影响着他们思考问题的方式。

三、文化对儿童青少年社会创造性的影响

　　在某种意义上，文化可以看作人类在特定的自然环境下形成和发展起来的各种物质产品、精神产品和行为模式的总和，其中包括物质生产层面的文化、制度行为层面的文化和心理层面的文化。作为人类劳动成果的物质产品和器物构成了物质层面的文化，人类在社会实践中形成的各种规章制度、组织形式以及风俗习惯构成了制度行为层面的文化，人们在长期生产劳动中形成的价值观念、思维方式、道德情操、宗教感情、民族性格等构成了心理层面的文化。文化的核心是传统的价值观念以及与之相应的外显的和内隐的行为模式。苏联著名的心理学家维果斯基指出，一个社会的文化可以通过受到这种文化影响的成年人（如成年人的教育和指导）影响儿童的心理和行为，也可以通过负载这种文化的语言和各类符号（包括艺术作品、号码和计数、信、图表、暗号等）对儿童青少年的心理发挥作用。事实上，无论哪个层面的文化，都会潜移默化地塑造人们的行为。一方面，宏观的社会文化氛围可以影响儿童和青少年的家庭和学校，从而间接地影响他们的观念和行为，另一方面，为社会文化所塑造的成人的行为（包括成年人教养孩子的行为）或者以榜样的形式，或者以言语指导的形式，或者以行为训练的形式，对儿童青少年产生直接

的影响。

在儿童青少年社会创造性的发展过程中，社会文化同样发挥着深刻而广泛的影响。首先，心理层面的文化，特别是价值观，直接或间接地影响着人们的思维方式，制约着人们对生活中各类问题的反应和对待方式，也影响着儿童青少年创造性地解决问题的倾向。梁漱溟认为，文化并非别的，乃是人类生活的样法；文化的不同主要表现为人们在生活中解决问题的方法的不同。就东西方文化为例，我们可以看到两种文化背景下的人们的解决问题方式的差异。西方文化在某种意义上是"个人本位"的文化，崇尚自我和自由、平等，重视独立、自主和标新立异，而东方文化是"集体本位"的文化，崇尚礼让和相互尊重，强调顺从、合作、义务和接受权威。因此，在遇到同伴或朋友之间的冲突、亲子冲突或师生冲突的时候，西方的儿童青少年倾向于申明理由，为自己辩解，在不损害他人权利的基础上维护自己的权利，依据平等的原则求得妥协，进而达成某种解决问题的方案。与此不同，东方的儿童青少年则会顺从长辈的意见化解冲突，或者采取礼让为上、自我牺牲的方式平息争端，也可能通过向人求情、寻求外力的帮助来解决问题。如前所述，个人的感受、个人的权利和选择，是西方儿童青少年解决问题的出发点，当想要参加别人的活动的时候，或者想要影响别人的选择的时候，他们通常采用理性（合乎情理）的方式申明自己的请求，希望别人做出妥协。但是，东方的儿童青少年倾向于利用人与人之间的相互影响，促使别人做出有利于自己的改变。例如，在亲子冲突中，他们会利用父母爱孩子的这种心理，请求父母答应自己；在同伴或朋友冲突中，他们会请第三方帮助说服对方改变心意。可以说，两种文化中的儿童青少年都可能创造性地解决所面临的问题，但是，他们思考问题的方式或路径却是不同的。这种差异也反映在两种文化中的成年人身上，在面临社会冲突时，东方文化中的成年人往往更喜欢采取辩证性的解决方式，以中立或折中的方式解决问题，而西方文化中的成人往往对冲突的双方做出判断，支持（合理的）一方而反对（不合理的）另一方。

正如研究者指出的那样，一种特定的文化可能包含着促进创造性的因素，也可能存在着阻碍创造性的因素。① 一种文化对社会创造性的影响也是如此，既可能有助于儿童青少年创造性地解决问题，也可能妨碍他们创造性地解决问题。例如，西方文化崇尚个人的独立和自由，这可能减少人们在人际关系方面的顾虑，找到更多的问题解决策略，但是，个人主义的思维方式也可能导致人与人之间的对立，引发更严重的冲突。类似地，东方文化崇尚集体和人际关系，这有利于以妥协或中立的方式有效地解决问题，但过多地考虑别人的想法或人际关系的和谐，也会妨碍人们找到创造性的问题解决策略。

制度层面的文化，特别是教育组织形式，也在很大程度上影响着儿童青少年的社会创造性，制约着他们提出和解决问题的主动性、冒险性、好奇心和想象力。如果一种文化的教育体制重视智力的发展和知识的传递，而轻视社会活动和人际交往能力的发展，那么，社会创造性的发展必然会受到消极的影响。儿童青少年很难有充分的参加社会活动的机会，难以积累足够的社会经验。即使有的孩子在现实生活中表现出创造性地解决生活问题的能力，也很难得到教师和其他成年人的认可。文化影响着创造活动的形式和领域，一个鼓励多元智能的社会，显然要比只强调某一方面能力的社会更有利于人们发展和展现多个领域的创造性。

在我国，长期以来重视应试教育，偏重数学、语文等主科的学习和数理逻辑智力、语言智力的发展，而对其他形式的能力不够重视。这显然不利于儿童青少年社会创造性的发展。近年来，随着素质教育的开展，多样化的素质的培养日益引起人们的关注。这客观上为社会创造性的发展创造了有利的条件。

经济社会发展水平和物质的丰富程度制约着儿童青少年社会创造性发展的物质条件。很多研究发现，中产阶级的家庭往往更注重对孩子的教育，注重培养孩子的智力和创造性。心理潜能的发展需要具备特定的物质条件。事实上，经济上比较宽裕的家庭往往能为孩子创造更多的机会，包括学习和训练的机会、参与社会活动的机会，这对儿童青少年社会创造性的发展是必要的。他

---

① LUBART T I. Creativity across cultures［M］//STERNBERG R J.Handbook of creativity. New York：Cambridge University Press，1999： 339-350.

们必须具有足够的社会实践机会，特别是解决各种社会问题的机会，才有可能积累足够的社会经验，他们的社会创造性也才有可能获得更大的提高。因此，虽然物质丰富程度并不具有决定性的作用，但是它的确在一定程度上影响着儿童青少年社会创造性的发展。

四、互联网对儿童青少年社会创造性的影响

随着计算机技术的发展，互联网已经成为一种无法替代的文化环境，影响着儿童青少年的心理。可以说，随着互联网的普及，它的影响已经深入到人们生活的方方面面。中国互联网络信息中心发布的《第 33 次中国互联网络发展状况统计报告》显示，截至 2013 年 12 月，中国网民规模达 6.18 亿，互联网普及率为 45.8%，其中手机网民规模达 5 亿；青少年网民也急速增加，19 岁以下的儿童青少年网民数量占全部网民的 26%。① 这意味着，发挥互联网的积极影响对儿童青少年来说显得尤为重要。调查表明，在互联网的多种功能中，通过网络进行交往已经是互联网使用的基本内容之一。对此，有人认为，互联网社交会产生"富者更富"的效应，因为互联网社交为那些喜欢和善于社交的人提供了更多的日常互动的渠道，增加了他们的社交资源，互联网的使用让他们如虎添翼。② 另一些人则认为，通过互联网进行的社会交往会取代人们之间日常的社会交往，对用户的心理健康产生消极的影响。人们尽管观点不一，但是都无法否认互联网对儿童青少年创造性发展包括社会创造性发展的影响。

社会创造性与人们的社会交往经验密切相关，而互联网为人们提供了更加广阔的展现自我的平台，人人网、QQ 空间、微博等社交媒介为人们增加了进行创造性的自我表达的机会。互联网还突破了地理空间的限制，方便用户接受多元文化的熏陶，拓宽他们的视野，这有利于个体创造性的提高。互联网

---

① 中国互联网络信息中心. 第 33 次中国互联网络发展状况统计报告［EB/OL］.［2014-5-26］. http://www.cac.gov.cn/2014-05/26/c_126548822.htm.

② KRAUT R，PATTERSON M，LUNDMARK V. Internet paradox：a social technology that reduces social involvement and psychological well-being？［J］. American psychologist，1998，53（9）：1017-1031.

不仅可以影响人们的创造性思维，而且能够影响人们的创造性人格。例如，研究发现，以计算机为媒介的训练能够有效地提升思维的流畅性；① 对多项有关研究进行的元分析结果则表明，鼓励冒险的媒体作品，如崇尚和鼓励冒险的视频游戏、电影、电视节目、音乐等，能够提高媒体接触者的冒险性，而冒险性是创造者通常具有的特征之一，尽管这种冒险性在很多场合显得并不适宜。②

在社会创造性方面也是如此。研究表明，儿童的社会创造性与他们的网络交往呈显著的正相关，而且，儿童的网络交往可以影响其特质性的或一贯的社会创造性。③ 也就是说，儿童通过互联网进行的交往很可能有助于他们社会创造性的发展。对青少年的研究进一步证明了这一点。例如，有研究发现，农村的留守中学生在线娱乐的频率和信息检索的频率可以显著地影响他们的社会创造性，他们如果能够充分地、积极地利用互联网，就可以明显地提高他们解决生活中的各种问题的能力。④

显然，互联网拓宽了儿童青少年社会交往的渠道，为他们提供了一种全新的社会交流和沟通的途径，可以在很大程度上满足青少年进行社会交往和交友的需求。在互联网产生之前，人们以面对面的社会交往为主，这未必适合所有的儿童和青少年。一些内向、敏感的儿童和青少年可能不太适应这种形式的交往，难以从中受益。但是，互联网的使用则可以避免面对面的社会交往所带来的社交焦虑，在很大程度上避免由此带来的威胁，因为通过互联网进行的社交通常是匿名的，也是去个性化的，用户可以放心地表达和展现真实的自

① BENEDEK M，FINK A，NEUBAUER A C. Enhancement of ideational fluency by means of computer-based training［J］. Creativity research journal，2006，18（3）：317-328.
② FISCHER P，GREITEMEYER T，ANDREAS KASTENMÜLLER，et al. The effects of risk-glorifying media exposure on risk-positive cognitions，emotions，and behaviors：a meta-analytic review［J］. Psychological bulletin，2011，137（3）：367-390.
③ HAO E，ZHANG X，JING Z，et al. The effect of network communication on children's social creativity：proceedings of international conference on computer，networks and communication engineering［M］.UK：Atlantis Press，2013.
④ 宋静静，谷传华，张永欣，等. 留守青少年互联网使用对社会创造性的影响：社会关系网络的中介作用［J］. 中国特殊教育，2013（11）：65-71.

己，以健康宽松的心境进行社会交往，参与社群的活动和交流。这无疑为儿童青少年提供了一个可以积累社会交往经验、锻炼社会适应能力的广阔平台，而这又进一步为社会创造性的发展创造了有利条件。

　　另一方面，互联网使用的便利性也有助于增加儿童青少年社会互动的机会，扩大他们的社会关系网络。借助于互联网，他们甚至可以随时随地与亲人、老师、朋友等进行交流和讨论，而且可以与陌生人建立起某种联系。这客观上也有助于他们创造性地解决问题。在解决生活中的各种问题的过程中，他们通过互联网可以获取丰富的人际资源和各种各样的社会支持。而且，互联网信息的丰富性和共享性也有助于儿童青少年社会创造性的发挥和发展，因为他们在解决问题时可以从互联网获取丰富的信息资源，形成多样化的问题解决方案，并从中选择最适宜的解决方案。

　　很多研究表明，互联网的使用与青少年的社会关系和社会创造性是相互影响的。互联网的使用可以帮助青少年与父母建立良好的关系，青少年与父母若是在线好友关系则可以减少亲子冲突，增加亲子之间的亲密性。[1] 精通计算机的青少年也可以成为父母的老师，教他们如何使用互联网，这显然可以降低父母的权威，有利于建立平等的亲子关系。[2][3] 另一方面，互联网还可以帮助青少年建立良好的同伴关系。互联网方便快捷、没有地域限制的特点使青少年能够利用互联网维持已有的朋友关系，并拓展新的朋友圈子。而且，由于

---

[1] KANTER M, AFIFI T, ROBBINS S. The impact of parents "friending" their young adult child on facebook on perceptions of parental privacy invasions and parent–child relationship quality [J]. Journal of communication, 2012, 62(5): 900-917.

[2] SUBRAHMANYAM K, KRAUT R E, GREENFIELD P M, et al. The impact of home computer use on children's activities and development [J]. The future of children: children and computer technology, 2000, 10(2): 123-144.

[3] 雷雳，陈猛. 互联网使用与青少年自我认同的生态关系[J]. 心理科学进展，2005, 13(2): 169-177.

网络交往的保密性，青少年会有更多的自我表露的倾向。① 此外，网络交往往往是以相同的兴趣和爱好为基础的，这也使得网络交往更稳定、更持久。② 因此，互联网使用可能通过影响儿童青少年的社会关系网络影响他们的社会创造性。当然，青少年由于使用互联网而得到的这种"报偿"也会进一步增强他们使用互联网的动机和行为，通常，他们更乐于以互联网作为进行社会交往的重要媒介，作为解决人际关系问题的重要工具。

需要指出，互联网的积极作用并不能掩盖它的负面影响。事实证明，正处于发展中的儿童青少年很容易沉溺于网络，甚至上网成瘾，耽误正常的学习和生活，妨碍心理的健康发展。这导致他们严重脱离实际生活，降低其解决问题的动机和能力。而且，儿童青少年还可能因为在网上结识不良同伴而沾染不良习气，以不适当的方式甚至是反社会的方式面对生活中的问题。显然，这也会降低他们的社会创造性。

因此，发挥互联网对儿童青少年社会创造性的积极影响，同时尽量避免它的消极影响，是教育者的一个重要任务。监护人应与子女进行有效的沟通，制定一定的上网规范（如严格控制上网的时间、对具体的上网内容进行指导），或者跟儿童青少年一起上网分享网络资源，交流上网心得，避免过量上网，以保证互联网对他们产生积极的影响。另一方面，父母应该促成和谐的家庭氛围，让孩子充分地感受到家庭的关爱和温暖，这有利于儿童青少年更好地进行亲子沟通，更合理地使用互联网，进而促进他们的社会创造性的发展。另一方面，教师可以在传统课程中融合互联网的某些元素。例如，让学生在课前上网检索所需的知识，在教学过程中利用教学软件增强知识学习的趣味性，课程结束后让学生在网络社区上分享各自的观点等。这些做法可以提高青少年的学

---

① TIDWELL L C，WALTHER J B. Computer-mediated communication effects on disclosure，impressions，and interpersonal evaluations：Getting to know one another a bit at a time [J]. Human Communication Research，2002，28（3）：317-348.

② MCKENNA K Y，BARGH J A. Plan 9 from cyberspace：the implications of the internet for personality and social psychology [J]. Personality and social psychology review，2000，4（1）：57-75.

习动机和创造性思维能力，使之学会从多个角度灵活地、全面地思考和解决生活中遇到的各种问题，提高社会创造性。

第二节　儿童社会创造性的跨文化研究

30多年来，创造性领域的跨文化研究逐渐成为创造性研究的一个亮点。关于社会创造性的跨文化研究则让我们看到了文化价值观对儿童社会创造性发展的影响。

一、一般创造性的跨文化研究

自20世纪80年代以来，关于创造性的跨文化研究逐渐深入，人们采用了不同的研究工具对中国与外国儿童青少年的创造性思维特点进行了比较，得到了不同的结论。叶仁敏等人运用"托兰斯创造性思维测验"对中小学生进行的研究发现，尽管中国和美国的儿童青少年的创造性思维发展趋势是类似的，都呈现先上升再下降，随后再上升的特点，但美国儿童青少年思维的流畅性、独创性、精致性相对较高。[1] 施建农等人的研究结果显示，中国儿童对实际技术问题的理解能力较强，而在实用的创造性思维方面却弱于德国儿童。[2] 此外，还有研究发现，在对自身创造动机和意志品质的评价上，美国青少年也明显高于中国青少年。[3]

人们还对具体领域的创造性，包括科学创造性和艺术创造性，进行了一些

[1] 叶仁敏, 洪德厚, 保尔·托兰斯.《托兰斯创造性思维测验》(TTCT)的测试和中美学生的跨文化比较[J]. 应用心理学, 1988(3): 26-33.

[2] 施建农, 徐凡, 周林, 等. 从中德儿童技术创造性跨文化研究结果看性别差异[J]. 心理学报, 1999, 31(4): 428-434.

[3] 陈丽, 张荣干, 唐庆意, 等. 中西方中学生创造力比较调查报告[M]// 教育部科学技术司, 共青团中央学校部, 中国科普研究所. 青少年创造力国际比较[M]. 北京: 科学出版社, 2003: 47-54.

跨文化研究。胡卫平等人运用自编的"青少年科学创造力测验"比较了中英青少年科学创造力的发展特点，发现英国青少年的科学创造力，尤其是发散思维能力，高于中国同龄人的，而中国青少年的问题解决能力高于英国青少年的①。对中、日、德、英等国青少年的跨文化研究进一步表明，中国青少年的问题提出和解决能力较强，而产品改进能力、科学想象力、产品设计的新颖性却明显低于外国青少年；各国青少年的创造性人格各有优势，也有相似之处，均表现出好奇心和冒险性的人格特点。② 在艺术创造性方面，衣新发等人在中德之间进行了有关的跨文化研究，发现文化因素对艺术创造性具有极其重要的影响，甚至可能高于人种的影响。③

由于文化代表了一种可以影响人们心理活动的宏观氛围，中外创造性的差异很大程度上反映了中西文化价值观之间的差异。以欧美国家为代表的个人主义文化更强调个人的价值，强调个人的独特性、自由和权利，鼓励个体的创新和独特性。与此不同，以中国为代表的集体主义文化更关注群体的价值，强调群体的和谐，注重个体对社会的义务和责任。显然，价值观的差异与创造性的差异密切相关。

文化影响着人们对创造性的理解，促成了不同的创造观和表达方式。研究者发现，中国人心目中的创造性多与个体的社会贡献相关，他们通常认为政治家比艺术家更具有创造性。④ 关于创造性和创造性人才观念的文化差异也存在于大学生中。⑤ 此外，还有研究发现，国内外教师关于创造性的观念也存

---

① 胡卫平，Adey P，申继亮，等 . 中英青少年科学创造力发展的比较[J]. 心理学报，2004，36（6）：718-731.

② 林崇德 . 创新人才与教育创新研究[M]. 北京：经济科学出版社，2009：147-193.

③ 衣新发，蔡曙山，刘钰 . 文化因素影响创造力的实证研究[J]. 社会科学论坛，2010（8）：4-12.

④ CHAN J. Creativity in the Chinese culture [J]. Psychological studies, 1997, 50（1）：32-39.

⑤ YUE X D, RUDOWICZ E. Perception of the most creative Chinese by undergraduates in Beijing, Guangzhou, Hong Kong, and Taipei [J]. Journal of creative behavior, 2002（36）：88-104.

在一定的差异，中国教师更看重学生的创造性思维能力而不是创造性人格，而德国教师更看重学生的创造性人格。教师的创造观对学生创造性的发展具有深刻的影响。

不难看出，关于创造性的中外跨文化研究主要是针对一般的创造性思维和人格、科学和艺术领域的创造性展开的，而对社会领域的创造性——社会创造性关注甚少。①

二、社会创造性的跨文化研究

相比科学和艺术创造性，社会创造性更为普遍，与人们社会生活的关系也更为密切。既然如此，儿童的社会创造性是否存在文化差异？

为了探讨中西文化背景下儿童的社会创造性的差异，探讨文化对儿童社会创造性的影响，我们以中国和美国的学龄儿童为研究对象，从儿童在特定问题情境中表现出来的状态性的社会创造性与稳定的社会创造性特质两个方面，进行了跨文化研究。

（一）创造性特质的跨文化研究

我们以儿童特质社会创造性问卷（见附录部分）测量了中国和美国的学龄儿童的社会创造性。结果显示，中国儿童的特质社会创造性显著高于美国儿童的特质社会创造性。这不同于以往某些研究的结果，即中国儿童青少年的创造性显著低于国外儿童青少年的创造性。②③ 这可能与本研究的内容是特质社会创造性有关。

如前所述，与一般的创造性和科学创造性、艺术创造性不同，特质社会创

---

① 谷传华. 小学儿童社会创造性倾向的发展特点［J］. 心理与行为研究，2009，7（3）：198-202.

② 叶仁敏，洪德厚，保尔·托兰斯.《托兰斯创造性思维测验》（TTCT）的测试和中美学生的跨文化比较［J］. 应用心理学，1988（3）：26-33.

③ 陈丽，张荣干，唐庆意，等. 中西方中学生创造力比较调查报告［M］// 教育部科学技术司，共青团中央学校部，中国科普研究所. 青少年创造力国际比较. 北京：科学出版社，2003：47-54.

造性作为社会创造性的表现形式之一，是个体在社会生活中表现出来的一贯的、稳定的创造性倾向，受社会生活经验和人格倾向的影响较大。独生子女政策让中国的父母有更多的精力和时间投入对子女的教育，他们更重视对子女的社会交往能力的培养，这可能促成了中国儿童社会创造性的提高。而且，本研究中的中国儿童来自城市的学校，他们的家庭经济地位和父母的受教育水平均较高。

另一方面，这种文化差异与文化价值观也是密不可分的。集体主义价值观是中国文化的内核。在集体主义文化中，个体重视人际关系和平等合作，强调集体的需要和目的，注重遵守社会规范，这有利于提高儿童的社会性问题解决策略的有效性、适当性。相反，个体主义价值观是美国文化的内核，人们更注重个人的需要和感受，集体意识较弱，而竞争性较强。小学儿童正处于社会化的关键期，这时同伴成为他们的主要交往对象，由于中国文化更加强调集体生活和成员之间的合作，因而儿童更可能从平等的同伴交往中受益。与美国的同龄儿童相比，中国的儿童在遇到社会交往的困扰时更可能增加与他人的互动，积极地解决问题，找到最佳问题解决方法。林崇德指出，由于创造性的性质和影响因素的复杂性，中国儿童的创造性不一定低于西方儿童的创造性。[1]本研究支持了这一观点。

从文化差异来看，自尊水平可以显著预测中国儿童的社会创造性，而父母养育方式可以显著预测美国儿童的社会创造性，其中，父亲保护可以负向预测美国儿童的社会创造性，母亲温暖可以正向预测美国儿童的社会创造性。这也可能反映了文化价值观的差异。自尊是个体的自我价值感，是个体对自己的整体性评价，属于自我概念中的评价性成分。高自尊的人喜欢迎接挑战，愿意接受高难度的任务，寻求个人能力或潜力的发挥；而低自尊的人往往受到焦虑、恐惧、孤独等负面情绪的影响，不敢面对生活中的挑战，在抉择和判断

① 林崇德.创新人才与教育创新研究［M］.北京：经济科学出版社，2009：147-193.

前胆怯，面对问题容易放弃和拒绝。① 对生活在集体主义文化中的儿童来说，高自尊的儿童通常能更自信地面对和解决生活中的问题，提出能够反映自己观点的、适当而有效的问题解决策略。自尊的这种作用相较父母养育方式更明显。随着独生子女生活氛围的变化，父母养育方式的差异大大减小，在父母养育方式相似的背景下更能凸显自尊对社会创造性的预测作用。这也进一步支持了某些研究的结论。②

在美国个人主义文化中，学校十分重视培养儿童的独立意识和自尊，儿童自尊水平的差异可能远远小于父母养育方式的差异。因而，在儿童自尊水平相似的背景下父母养育方式可以更好地预测他们的社会创造性。追踪研究表明，父母的养育行为与儿童的创造潜能之间密切相关，父母温暖、支持和自主的养育方式与儿童青少年的创造性呈显著正相关。③ 就具体的养育方式而言，父亲的过分保护或溺爱容易让孩子形成对成人的依赖，不利于培养孩子积极解决问题的人格倾向，而母亲的情感温暖和理解可以给孩子提供充足的安全感，有利于改善其解决生活中各种问题的能力。这进一步证明了以往有关研究的结论。④

从总体上看，父母养育方式和自尊都会影响儿童的特质社会创造性，较高的自尊更有利于社会创造性的发展，而母亲的过分保护或溺爱则会削弱儿童创造性地解决社会性问题的能力和人格倾向。需要说明的是，本研究还发现，中美儿童特质社会创造性的发展具有一致性，总体上处于增长状态，但年级和性别差异不显著。这可能与样本主要来自小学高年级、年级跨度不大有关，另

① BAUMEISTER R，SMART L，BODEN J. Relation of threatened egotism to violence and aggression：the dark side of high self-esteem［J］. Psychology review，1996，103：5-33.
② 邓小平，张向葵. 自尊与创造力相关的元分析［J］. 心理科学进展，2011，19(5)：645-651.
③ HARRINGTON D M，BLOCK J H，BLOCK J. Testing aspects of Carl Rogers's theory of creative environments：child-rearing antecedents of creative potential in young adolescents［J］. Journal of personality and social psychology，1987，52：851-856.
④ 谷传华，范翠英，张冬静，等. 父母养育方式、人格对儿童社会创造性和社会喜好的影响［J］. 中国特殊教育，2012(11)：78-83.

一方面，高年级男孩与女孩的认知能力、自我意识和总体社会化程度均有较大的提高，这很可能缩小了社会创造性的性别差异。

这些研究结果提示我们，在日常生活中，教育者应为儿童提供尽可能多的社会互动和人际交往的机会，给予他们更多的解决社会性问题的机会，鼓励他们创造性地提出多种问题解决办法，适当而有效地解决问题。中国的教育者应发挥中国集体主义文化的优势，进一步鼓励儿童的社会交往。当儿童在人际交往中遇到困难时，父母应该给予儿童更多的支持和理解，避免过多的保护，鼓励他们主动地面对和创造性地解决问题，并通过获取成功经验逐渐提高他们的自信和自尊水平，进而提高他们的社会创造性。

需要说明的是，由于研究样本的规模相对较小，这些结果的代表性受到一定的限制。如果在将来的研究中进一步扩大取样范围，可以更好地探讨不同文化背景下儿童的特质社会创造性与状态社会创造性的发展特点。这有利于全面而深刻地理解儿童社会创造性的发展规律，为社会创造性的培养找到相应的理论依据。

（二）创造性状态的跨文化研究

我们以社会创造性故事情境（见附录）测量了儿童的状态社会创造性，比较了中美学龄儿童在解决生活中常见的问题时的表现。结果显示，总体上看，美国儿童的问题解决过程显示了较强的创造性思维能力，而中国儿童的问题解决策略则展示了较强的社会适应倾向和人格状态。这意味着，美国儿童在解决社会性问题时，倾向于想出更多、更灵活的方法或策略，但却较少考虑到外部的社会评价；中国儿童在解决问题时更看重策略的适当性或是否受到社会的认可，是否能有效地消除冲突，而且，他们也更愿意提出一些冒险性的新想法。

毋庸置疑，中国文化和美国文化分别是集体主义文化和个人主义文化的代表。集体主义价值观重视人际关系，强调个人对集体的遵从，注重遵守社会规范和社会标准。[1] 这可能是中国儿童提出的问题解决策略更适当的原因。

---

[1] 林崇德．创新人才与教育创新研究［M］．北京：经济科学出版社，2009：147-193.

他们更希望自己的问题解决方法能得到社会的认可，符合特定的社会规范，而且，这样的策略或方法能缓和人际紧张，更有效地解决问题。同时，本研究在呈现问题时明确要求儿童"尽可能地提出与众不同的问题解决办法"，中国儿童显然也更希望迎合这条"规范"的要求，因而提出的问题解决策略更新颖，而这些与众不同的策略可能触犯人际关系的"禁忌"，从而具有冒险性。适当性、有效性与冒险性其实是统一的，它们都可能是由"规范导向"的思维方式促成的。

　　林崇德等人进行的跨文化研究表明，与西方的教师相比，中国教师最喜欢学生的宜人性特征和独创性特征，强调外部奖赏对培养学生创造性的作用。[1][2]显然，中国教师更希望学生"听话"、遵守规范，同时也更希望他们出类拔萃，并强调由此带来的积极结果（外部奖赏）。显然，在这种教育观念的影响下，儿童通常更注意让自己的行为符合既定的社会标准，符合教师的要求。他们在提出解决问题的策略时也希望这些策略能尽可能得到社会的认同，因而表现出较高的适当性和独特性。

　　个体主义价值观是美国文化的内核。在这种文化的影响下，人们更强调个人的自由和权利，更注重个人的需要和感受。因而，在解决社会性问题时，儿童倾向于从多个角度提出尽可能多的、指向问题本身的解决办法，从而表现出较高的流畅性和变通性。换言之，美国儿童更可能是一种"问题导向"的思维方式。有研究者研究了东西方思维方式的差异，发现在面临社会冲突时中国人更喜欢辩证性的解决方式，更容易采纳辩证性的论断，而美国人更容易采纳逻辑性的判断；面对两种对立的观点，美国人喜欢对这些观点进行逻辑分析，而中国人则适中地接受两种观点。[3]重逻辑的思维方式可能提高了美国儿童解决问题时的流畅性和变通性，使他们更容易想出多种符合逻辑的解决

① 林崇德. 创新人才与教育创新研究［M］. 北京：经济科学出版社，2009：147-193.
② 申继亮，赵景欣. 创造力的跨文化研究及其对我国教育改革的启示［M］// 中国心理学会. 心理学学科发展报告. 北京：中国科学技术出版社，2007：79-86.
③ PENG K. Culture，dialectics，and reasoning about contradiction［J］. American psychologist，1999（9）：741-754.

办法。

另一方面，教师领导方式作为一组重要的环境变量，在整体上对儿童状态社会创造性具有预测作用，但是，其具体的维度却没有显著的预测作用，也就是说，无论在中国文化背景下还是美国文化背景下，教师某种领导方式对儿童的社会创造性不存在显著的预测作用。这与有关儿童特质社会创造性的研究结果不同。谷传华、张海霞和周宗奎发现，教师的放任可负向预测儿童的特质社会创造性，而教师的民主可正向预测儿童的特质社会创造性。[①] 这很可能是因为状态社会创造性主要反映了儿童在解决特定的社会性问题时（在较短时间内）的创造性状态，具有情境性和不稳定性，受个体情绪、动机等暂时性因素的影响较大，因而未能明显地反映出教师领导方式的影响，而特质社会创造性作为一种稳定的创造性特质，更容易受到这种稳定的教师领导方式的影响。

此外，美国四年级儿童的状态社会创造性得分显著高于五年级儿童。这与托兰斯发现的创造性发展趋势是基本一致的。[②] 这很可能是因为这一时期来自群体认同的压力增大导致的，即儿童因趋同同伴群体标准而降低了自身的创造性，在社会创造领域尤其如此。

综上所述，中美儿童的状态社会创造性既有相似之处，又有明显的差异。这一方面反映了儿童创造性发展的普遍的年龄特征，另一方面折射了中西文化价值观的差异。这种差异说明文化对创造性发展有深刻影响。

需要指出的是，这些研究结果具有一定的局限性。作为一种跨文化研究，本研究的取样范围不够宽泛，样本主要来自中国和美国的中部地区，这可能在一定程度上限制了研究结论的普遍性。因此，未来的研究可以扩大取样的范围和规模，广泛地考察中西文化背景下儿童创造性发展的相似性和差异，深入揭示文化对创造性的影响及其与教师领导方式等环境因素的交互作用。

---

① 谷传华，张海霞，周宗奎. 小学儿童的社会创造性倾向与教师领导方式的关系［J］. 中国临床心理学杂志，2009，17（3）：284-286.

② TORRANCE E P. Creative development［M］// TORRANCE E P. Guiding creative talent. NJ: Prentice-Hall，1962：84-103.

附　录

社会创造性故事情境

指导语：我们想了解你是怎样对待人际关系中的冲突和问题的。首先，我会阅读下面的这些情境，然后，请你写出你会怎么做（怎么反应）。你可以写多，也可以写少，但是，每个问题的答题时间不要超过五分钟。到时间我们会提醒你。我们会为你的回答保密，不会告诉你的老师，也不会告诉学校里的其他人。这些回答也不会与你的成绩挂钩。我们只想知道你的想法。在你写的时候，不要跟别人讨论。当然，如果你愿意，你可以告诉你的爸爸、妈妈或者你的其他养护人。

情境 1

在课间休息时间，你看见两个孩子在玩一个有趣的游戏，你想和他们一起玩。所以，你走过去，问："我能和你们一起玩吗？"但是，他们说："不能。"

你会怎么反应？

请问，你会做什么或者说什么才能让他们愿意和你一起玩？请你尽量想出别人想不到的主意，写出尽可能多的主意。

情境 2

有一天晚上，你在家里，发现有一个你非常想看的电视节目。你问爸爸或妈妈（或者你家里别的监护人）能不能让你看这个节目，他们说："不行，天太晚了，你必须去睡觉。"

你会怎么反应？

请问，你会做什么或者说什么，才能让他们同意你看这个电视节目？请你尽量想出别人想不到的主意，写出尽可能多的主意。

情境 3

一天，你和一个好朋友在一起，他（或她）想玩一个游戏，但是你想玩另一个游戏。

你会怎么反应？

请问，你会做什么或者说什么，才能让你的朋友同意玩你喜欢的游戏？请你尽量想出别人想不到的主意，写出尽可能多的主意。

儿童社会创造性倾向问卷

指导语：下面是一些描述你的句子。请回答下列问题，用"√"从 A、B、C、D 四个选项中勾出最符合你的那个选项（只选一项），以表明这个句子在多大程度上描述了你的情况。所有的回答没有正确与错误之分。

	A. 完全不同意	B. 不同意	C. 同意	D. 完全同意
1. 当我与同学发生矛盾时，我会尽我所能去解决矛盾。				
2. 我遇事有自己的看法，不怕同学取笑我。				
3. 当我与同学发生矛盾时，我经常能想出与众不同的解决办法。				
4. 当我与同学发生矛盾时，我能想出许多办法解决矛盾。				
5. 当我与同学发生矛盾时，无论如何我都会努力去解决矛盾。				
6. 当我与同伴发生矛盾时，我能从许多不同的角度想办法。				
7. 当教室里出现冲突时，我能想出大家都同意的解决办法。				
8. 当我与别人一起合作时，我总能很好地解决问题。				

后　记

　　社会创造性的发展与促进是近年来心理学领域的一个新问题，它与儿童生活和学习息息相关。自 2005 年以来，我们对儿童进行了比较系统的研究。迄今，虽然还不能完全回答这个问题，但是，我们至少在自己能力所及的范围内找到了这个问题的许多答案。正是在这种背景下，基于以往的研究，我写成了这本书，希望它能促进社会创造性的培养和教育。

　　这本书是基于近年来华中师范大学心理学院开展的研究写成的，凝结了所有参与者的劳动。在参与、指导和帮助了有关研究的人中，华中师大心理学专业的奠基人刘华山老师功不可没。还有周宗奎老师，他作为心理学院的院长，不仅在工作和生活上对作者给予了极大的关心和支持，而且，直接促成了本书的撰写，在撰写之初即给予作者极大的鼓励。此外，副院长郭永玉老师曾经鼓励我多做研究，多出成果。马红宇副院长也曾经对我提供很多帮助，为我创造了良好的写作条件。郑晓边老师曾协助我联系实验学校，为开展与本书有关的研究创造了有利条件。此外，华中师范大学鼓励科研的政策、宽松的科研氛围，为我写作此书创造了条件。没有学校和心理学院的领导、老师们无私的帮助、参与和支持，本书不可能完成。

　　需要特别感谢我的母校北京师范大学发展心理学研究所的老师们的支持。非常感激我在攻读博士学位期间的导师陈会昌老师多年来在学习、生活和工作上给予我无私的支持、关怀和帮助。万分感谢德高望重的林崇德老师的激励，难忘申继亮、方晓义、陈英和、邹泓、金盛华等老师的亲切关怀，也非常感谢师兄师姐辛自强、辛涛、王大华等人的支持。北京师范大学发展心理研究所和华中师范大学心理学院的老师们学高为师、行为师范、严谨上进的精神永远值得我学习。难忘我的硕士生导师张文新老师对我多年的培养和在生活上给予我的无微不至的关怀，张老师的教导增强了我对心理学研究的兴趣，也奠定了我今后进行心理学研究的基础。

还要感谢武汉广埠屯小学和街道口小学可爱的师生们，他们的参与对本书的撰写至关重要。特别感谢广埠屯小学的王淑芳校长、街道口小学的魏泽武校长和伍俊主任提供的帮助。

我指导的历届研究生中，李阳、胡静宜、王菲、种明慧、黄春艳、张海霞、刘艳、张笑容、陈洁、张冬静、郝恩河、宋静静、荆智、肖雯等人直接参与了本书中的研究，张永欣、杨森、宋娟娟、张菲菲、谢祥龙、吴财付、王亚丽、王亚娴、王婉贞、崔承珠等人也积极参与了有关课题研究的各种事务，让我节省了大量时间和精力。借此机会，也一并向他们表示深深的感谢。

在此，向本书写作之前、之中和之后给予我各种支持和帮助的所有人，包括本书写作过程中参考的各类文献的作者，一并表示衷心的感谢。真诚地祝愿他们一生平安！

最后，由于能力和时间所限，本书肯定有很多缺点或不足之处，恳请读者批评指正。与本书有关的任何问题，也希望读者与我联系，我的电子邮箱为：502774209@qq.com。

中国基础教育质量监测协同创新中心华中师范大学分中心中国基础教育质量监测协同创新中心自主课题支持